스스로 공부하는 아이의 결정적 조건

공부 자존감의 힘

스스로 공부하는 아이의 결정적 조건

공부 자존감의 힘

김지나 지음

북하우스

프롤로그

흔들리지 않는 '공부 자존감'의 힘

"선생님, 이번 시험 망했어요. 정말 저 어떡해요."

"괜찮아, 열심히 공부한 거 다 알고 있어. 공부한 건 없어지지 않아. 다음에 더 잘 볼 수 있을 거야."

"저 진짜 열심히 했단 말이에요. 너무너무 속상해요. 처음으로 밤새며 공부도 해봤는데요."

아이는 세상이 무너질 듯한 표정으로 속상함을 호소하더니 급기야 흐느껴 울고 맙니다. 아직 어린 열세 살. '초등학생인데 성적이 뭐가 그렇게 중요하다고' 하면서 지나치고 싶지만 마음이 무겁습니다. 자꾸만 떨어지는 성적 속에 의기소침해진 마음, 어떻게든 잘하고 싶어서 조바심 내고 노력했던 과정을 너무 잘 알기 때문입니다.

오랜 시간 교사로 아이들을 가르치면서 참 많은 것을 보고 느끼고 깨달았습니다. 우리처럼 아이들 교육에 열성적으로 최선을 다하는 나라도 없습니다. 그런데 우리처럼 아이들이 불행한 성장기를 보내는 나라도 없습니다. 많은 부모들은 아이를 위해서라면 뭐든 해주고 싶어 합니다. 하지만 주변을 보니 그렇게 풍족하게 채워진 아이들일수록 오히려 경쟁에 내몰리며 인성적으로 문제를 갖게 되는 경우를 많이 보았습니다. 공부가 뭐라고 아침부터 밤늦게까지 학원을 전전하는 아이들의 모습이 안타깝기도 합니다. 하지만 현실이 그런 걸 어쩌겠습니까. 여기서 뒤처지면 안 될 것 같아 아이에게 조금만 더 참고 이겨내보자고 합니다. 답답한 마음에 우리나라가 처한 교육 현실을 비판하며 대안학교나 유학을 보내는 방법을 선택하는 경우도 있습니다.

그런 나라에서 20년 넘게 교육 현장에 있었고, 또 같은 시기에 아이를 키우고 있는 부모로서 저는 조금 다른 대안을 제시해보고자 합니다. 대안을 생각해보게 된 계기는 교육 제도를 그저 비판하는 것 자체가 교사로서나 또 부모로서 아이에게 좋지 않은 영향을 끼칠 것이란 깨달음에서 시작되었습니다. 좋든 나쁘든 이것이 우리가 처한 현실인데 현실에 대해 투덜대기만 한다면 그 모습 자체가 아이들에게 부정적인 삶을 가르치는 것밖에는 되지 않을 테니까요. 지금 우리의 교육 현실에서 마음이 건강하고 공부를 잘하는 아이로 키워낼 수는 없는 걸까? 싫든 좋든 그곳에 서 있어야만 했던 저는 좌충우돌의 시간들을 겪으며 나름대로 조금씩 답을 찾게 되었습니다. 그리고 제가 생각한 깨달음을 아이들에게 적용해보고 수정하면서 확신이 선 답들만을 골라 이 책에 담아보았습니다.

결론부터 말씀드리자면 아이들을 건강하게 키우는 데 가장 중요한 것은 부모와 교사가 지닌 교육관과 철학입니다. 그런데 이 교육관과 철학이 어느 한 가지로 확고해서는 위험합니다. 왜냐면 우리 아이들은 저마다 타고난 기질과 능력이 다르기 때문입니다.

'열심히 최선을 다하는 것이 중요하다'는 가치관은 어느 누구든 옳다고 수긍하는 말입니다. 하지만 이런 철학으로 가르쳤을 때 오히려 역효과가 나는 아이도 있습니다. 또 어떤 아이에게는 '더 이상 열심히 하지 말라'고 가르쳐야 할 때도 있습니다.

"네가 최고야, 엄마 아빠는 너를 정말 사랑한다"는 말은 아이를 키우면서 아이에게 해주어야 할 가장 중요한 말입니다. 그러나 이 아름다운 말조차 아이의 성장과 발달에 맞게 해주어야 합니다. 어느 시기의 아이들에겐 이 말이 오히려 역효과가 나곤 합니다. 그 중요한 역동의 순간들이 언제인지를 나름대로 이 책에서 생생히 담아보려고 노력했습니다.

'뿌리 깊은 나무는 흔들리지 않는다.'

수많은 아이들을 만나면서 깨닫게 된 오랜 명언을 되새겨봅니다. 제가 만난 뿌리가 깊고 탄탄한 아이들의 저력은 놀라웠습니다. 질 좋은 사교육과 넘치는 정보 속에서도 뚜렷하게 빛을 발하는 아이들, 숨은 보석처럼 시간이 지날수록 고유의 영롱한 빛을 내는 아이들에게만 있는 공부를 잘하는 힘은 따로 있었습니다. 이 힘만 있다면 지금 당장 성적이 좋지 않아도 언젠가는 실력을 발휘하게 된다는 것을 알게 되었습니다. 그리고 이 힘은 공부뿐만 아니라, 아이 삶의 다른 영역과도 긴밀하게 연관되어 있습니다. 무엇보다 이 힘을 지닌 아이들의 부모는 그들만의 특별한 가치관을 갖고 있는 경우가 많았습니다. 저는 이 힘에 '공부 자존감'이라는 이름을 붙여보았습니다.

진짜 공부를 잘하는 힘은 공부를 통해 배운 내용을 토대로 세상을 주체적으로 살아가는 능력까지 겸비한 것을 말합니다. 그리고 이 힘이 생기는 골든타임은 초등학교, 그중에서도 초등 고학년 시기입니다. 이 책에서는 초등 고학년 시기의 특성을 살펴보고 이 시기에 집중적으로 키울 수 있는 공부 자존감을 알아보았습니다. 그리고 건강한 공부 자존감을 만들어주는 영역을 인성, 학습 동기, 생활 습관, 소통법, 이렇게 4가지로 분류해 상세히 살펴보았습니다.

아이의 공부는 '학습' 한 가지 영역에만 영향을 받지 않습니다. 긍정적인 동기, 삶의 태도, 일상 속의 습관 등이 어우러져 결과를 만들어냅니다. 이것들이 서로 영향을 주고받아서 장기적으로 효과를 나타내는 것입니다. 여기에 한 가지를 더하여, 부모와 아이가 함께하는 사춘기 소통법을 담았습니다. 초등 고학년 시기는 인성과 어우러져 말의 힘이 지닌 위력이 강력하다는 것을 절감했기 때문입니다. 부모와 아이의 마음이 다치지 않으면서 아이와 소통할 수 있는 현실적인 대안들을 정리해보았습니다. 이 시기의 원활한 소통은 공부의 방향을 잡는 데도 도움을 줍니다.

아이들마다 가진 개성이 다르기에 일방적인 이야기보다는 제가 겪은 다양한 상황들을 펼쳐놓고 아이들의 감정과 생활 모습을 공감할 수 있기를 바랐습니다. 내 아이의 기질과 특성을 이해하고 그에 맞는 대처법을 적용해보시길 바랍니다.

이제는 아이가 스스로 자신의 길을 헤쳐 나갑니다. 수많은 공부법보다 강력한 힘을 발휘하는 공부법은 부모가 아이에게 심어주는 올바른 가치관과 내 아이에게 맞는 사랑의 손길에 있음을 오늘도 교육 현장에서 깨닫습니다. 현실을 회피하지 않고 혼란스러운 교육 환경 속에서도 기준을 세우면서, 몸과 마음이 건강하고 공부 자존감이 높은 아이로 키우기 위한 지혜를 이 책을 통해 나눌 수 있기를 희망해봅니다.

차례

· PART 4 ·

단단한 내면의 힘을 위한 사춘기 대화법

· PART 1 ·

스스로 공부하는 아이에게 필요한 두 가지 힘의 균형

사춘기와 공부의 연결 고리

초등 고학년이 되면 아이들은 인생의 새로운 전환점을 맞게 됩니다. 이 시기에 가장 두드러지는 변화는 아이의 사춘기입니다. 이 시기의 아이들은 감정이 격해지고 자기 생각이 강해지면서 지금껏 잘하던 일들에도 왜 그래야 하냐며 딴지를 겁니다. 그래서 많은 부모들은 아이의 사춘기가 겁이 납니다. 우리 아이만큼은 사춘기를 겪지 않고 잘 넘어갔으면 좋겠다는 생각도 듭니다. 하지만 현장에서 매일매일 아이들의 사춘기를 경험하고 있는 저에게는 '사춘기를 겪지 않았으면' 하는 말이 좀 다르게 다가옵니다. 아이가 건강한 성장을 하고 공부에 있어서 큰 저력을 발휘하는 데 사춘기만큼

동력이 되는 힘도 없기 때문입니다. 쉽게 말해 사춘기를 겪지 않는 아이들은 지금 당장 공부를 잘하고 어른들에게 흡족하게 보여질지 몰라도, 아이 내면의 잠재력은 떨어지는 경우가 많습니다. 그리고 이 뒤처진 내면의 힘은 '자기주도'와 '창의성' 영역에서 가장 큰 부작용을 낳게 됩니다. 이 시기 아이들은 스스로의 사고를 가진 자아가 본격적으로 발달하게 됩니다. 엄마가 하라는 대로, 학교에서 배운 대로 받아들이던 시기에서 "왜?"라고 반문하며 자신만의 생각을 갖고 표현하게 됩니다. 그런데 자신의 생각을 주장하는 자기 표현이 없다는 것은 그만큼 자기주도적 에너지를 발산하지 못하고 있다고 볼 수도 있습니다.

사춘기를 잘 이해해야 하는 이유는 '공부' 측면에서 더욱 그렇습니다. 사춘기가 되면 더 이상 부모의 잔소리가 아이를 공부하게 만들지 않습니다. 이전까지는 부모가 하라는 대로 따라왔지만 이제는 억지로 공부시킬 수 없습니다.

아이의 발달 상황인 사춘기와 맞물려 제가 주목했던 힘이 있습니다. 바로 '공부 자존감'이라는 개념이었습니다. 아이의 인생은 깁니다. 초등학교뿐만 아니라, 중학교, 고등학교, 그리고 그 이후로도 오랫동안 공부의 연속입니다. 인생을 살아가면서 평생에 걸쳐 공부를 하게 됩니다. 단거리 승부가 아니라는 것이죠. 평생을 이끌어가는 공부의 힘은 아이 스스로 자기 동력으로 움직이는 내면에서 나오게 됩니다. 억지로 하는 공부가 힘이 약한 이유이기도 합니다. 초등학교 저학년부터 중학교, 고등학교를 지나쳐 여러 지점에서 아이의 성적은 희비가 엇갈립니다. 잘하던 아이도 어느 순간 힘을 잃습니다. 어떤 이유 때문일까요? 바로 저는 여기에 의문이 더해졌습니다. 공부 잘하는 아이들은 무엇이 다를까? 눈여겨보기 시작한 것입니다.

특히 고학년 아이들을 보니 저학년 때는 차이가 많이 나던 아이들의 인지 발달의 격차가 좁아지면서 주목할 만한 변화들이 보이기 시작했습니다. 저학년 때까지는 눈에 띄지 않던 아이가 왜 갑자기 두각을 나타내는 것일까? 사교육 때문일까? 평소 독서를 많이 했기 때문일까? 오랜 관찰과 끊임없는 관심 끝에 하나로 모아지는 결론은 공부에도 자존감이 필요하다는 것이었습니다. 스스로 자기 가치를 높이는 힘, 나는 할 수 있다고 믿으며 과제를 끝까지 해내는 힘, 성실함이 기초가 된 감정 조절 능력 등 내면의 바탕이 다져져야 한다는 것이었습니다. 공부의 결과는 기술이 아니라 내면의 근력에서 나오기 때문입니다.

자기 가치의 힘,
공부 자존감

긍정적인 사고는 신경세포 사이의 회로를 활짝 열어주고 새로운 회로를 형성시킵니다. 따라서 '결국 나는 해낼 거야'라는 생각은 활발한 두뇌회전을 일으켜 문제 해결을 위한 새로운 아이디어를 솟아나게 합니다. 하지만 '안 될 거야'라는 부정적인 사고는 회로의 흐름을 방해하거나 억제시킵니다. 공부도 마찬가지의 과정이 적용됩니다. 나에 대한 긍정적인 자기 가치가 공부에 대한 자기 가치로 연결됩니다.

제가 만난 성준이는 초등학교 4학년 때까지는 크게 눈에 띄지 않는 아이였습니다. 학교 성적은 그럭저럭, 나쁘지도 좋지도 않은 성적이었습니다. 그런데 제가 발견한 것은 성준이의 꾸준한 성실함과 자기 자신에 대한 믿음이었습니다. 아이들이 늘 제출하는 독서록 쓰기가 있는데 한 번쯤은 게으름을 부릴 법한데 성준이는 늘 성실하게 과제를 해왔습니다. 다른 아이들도 다 하는 과제라 그러려니 할 수도 있었겠지만 다른 아이들과 달리 책의 핵심을 파악한 뒤 책에서 얻어낸 성준이만의 독특한 메시지가 제게 울림을 주었습니다. 내용의 본질은 놓치지 않으면서 책의 의도를 곱씹어 자기 삶의 가치관과 연결하는 비상함이 눈에 띈 것입니다. 그것이 계기가 되어 성준이의 전반적인 생활을 더욱 관심 있게 살펴보게 되었는데 공부에서는 아직 두각을 나타내지 못하고 있지만 남다른 저력이 있을 것이라는 기대감을 갖게 했습니다. 무엇보다 내면이 건강한 아이란 인상을 받았습니다.

아니나 다를까, 성준이의 놀라운 활약은 5학년 2학기 말 때 시작되었습니다. 지금까지 눈에 띄지 않다가 다크호스처럼 부상한 성준이의 성적에 모두 다 놀랐지만 저는 성준이의 앞으로가 더 기대되었습니다. 공부 방법을 부지런히 점검하고 목표 의식을 뚜렷하게 갖춘다면 중학교, 고등학교로 올라가면서 아이의 실력은 더욱 향상될 것이란 생각이 들었습니다.

건강하게 사춘기를 잘 보내면서 공부 저력을 살릴 수 있는 아이로 키우기 위해서는 아이가 가진 내면의 힘을 면밀히 들여다본 뒤, 아이가 이 힘을 튼튼하게 갖추고 이를 잘 활용할 수 있도록 관심을 기울여야 합니다. 내면의 힘이 갖추어지면 공부 성적은 부수적으로 따라옵니다. 더군다나 공부 잘하는 아이에게는 이 힘이 더 효과적이고 강력하게 작용합니다. 그리고 제가 수많은 아이들을 겪어보면서 아이 내면의 중요한 중심축으로 생각한 힘은 바로 '자아 존중감'과 '자기 효능감'이었습니다.

자아 존중감과 자기 효능감은 자기 가치의 힘을 높이는, 핵심적인 힘이기 때문입니다. 이 두 가지 힘이 팽팽하게 균형을 이루며 자기 역할을 다할 때 아이의 공부 자존감은 향상됩니다. 그렇다면 이 개념이 생활 속에서 어떤 작용을 하는지 살펴보고, 아이에게 어떻게 효과적으로 적용하면 좋을지 알아보겠습니다.

건강한 자아 존중감이 필요한 이유

자아 존중감이란 무엇일까요? 글자 그대로 '자기 스스로를 존중하는 마음', 좀 더 쉽게 말하면 '아이가 스스로에게 주는 값어치' 혹은 '자기의 가치를 자신이 평가한 정도'라고 말할 수 있습니다. 교육학에서는 자아 존중감을 '긍정적인 자아상'이라고도 표현합니다. '자아'란 한 개인을 독특하게 만드는 특성, 동기, 가치관, 행동에 대해 자신이 갖는 인상으로, 결국 여러 가지가 통합된 '나'를 의미합니다. 때에 따라서는 아주 간단히 자아 존중감을 '내가 나를 긍정적으로 생각하는 정도'라고 이해해도 좋겠습니다.

아이의 자존감이 별 탈 없이 발달해 가려면, 무엇보다 아이가 자신에게 중요하고 의미 있다고 생각하는 사람으로부터 꾸준히 긍정적이고 호의적인 느낌을 받아야 합니다. 아이는 어떤 행동을 한 후에 부모가 어떻게 생각하느냐를 궁금해합니다. 이때 부모가 긍정적인 반응을 보이고 성과를 칭찬해주면 자신의 가치를 확신하게 됩니다. 계속해서 이런 긍정적인 반응을 받게 되면 아이는 자기 자신에 대한 좋은 평가를 마음속에 담아두게 되는 것입니다.

내가 어떤 말과 행동을 하든, 공부를 잘하든 못하든 상관없이 '나'라는 존재는 사랑받아 마땅한 존재라는 생각, 그 사실을 스스로 믿어 의심치 않는 마음의 힘이 바로 자아 존중감입니다. 이 힘이 높은 아이들은 학교 생활에서도 차이를 보입니다.

교실 안 아이들 사이에서는 하루에도 몇 번씩 크고 작은 일이 벌어집니다. 한참 어울려 잘 놀다가 친구를 "야, 너 그게 뭐냐, 바보 아니야?" 하고 놀리는 한 아이가 있습니다. 놀림을 받은 아이는 이내 얼굴이 붉으락푸르락해지더니 급기야 울 듯한 표정으로 제게 다가옵니다.

"선생님, 얘가 나한테 바보라고 해요."

다른 사람에게 도움을 청하기 위해 쪼르르 달려오는 것입니다. 자아 존중감이 낮은 아이들이 흔히 보이는 패턴입니다. (물론 쪼르르 달려오는 아이가 모두 다 자아 존중감이 낮은 것은 아닙니다. 유아기 때는 그런 모습을 보이는 것이 당연합니다. 여기서는 초등학교 생활을 충분히 경험한, 조금 더 성장한 아이들의 경우에 해당하는 예입니다.) 하지만 자아 존중감이 높은 아이들이 보이는 반응은 좀 다릅니다. 기가 차고 황당하다는 표정으로 놀린 아이를 바라봅니다. 자기는 바보가 아니니까요. 어이없는 소리를 들은 것이죠. 그리고 다년간의 학교 생활로 이런 친구를 퇴치하는 노하우도 터득해둡니다.

"야! 원래 바보 눈에는 바보만 보이는 법이야" 하고 쏘아붙이거나, 손바닥을 펴고 "반사!"를 외치며 되쏘거나, 모른 척 무시해버리기도 합니다. 바보라고 놀린 아이를 되레 무안하게 만들어버리는 것입니다.

자아 존중감이 높은 아이 중에는 공부를 잘하는 경우가 많습니다. 어렸을 때부터 든든하게 지지를 받아온 마음은 힘든 공부를 하는데도 긍정적으로 작용하니까요. 그런데 자아 존중감이 무조건 긍정적으로 작용하지는 않습니다. 자아 존중감은 때로 공부에 독이 되기도 하기 때문입니다. 자아 존중감이 높다고 해서 모든 아이들이 공부를 잘하지 않는 이유도 여기 있습니다. 무엇을 해도 사랑받을 수 있다는 든든한 마음을 가진 아이들은 굳이 그 힘든 공부를 할 필요를 못 느끼는 것이죠. 조금만 힘들어도 "배가 아프다" "머리가 아프다" 하면서 자신의 힘든 감정을 부모가 알아주길 바랍니다.

공부는 힘들고 어려운 과정을 참아내야 하는 일입니다. 누구나 처음 시작할 땐 신경을 쓰게 되다 보니 머리도 아프고 배도 아플 수 있습니다. 그 과정을 조금 견뎌내다 보면 앞으로 쑤욱 나가면서 공부의 재미도 느낄 수 있고, 해냈다는 만족감도 얻게 됩니다. 하지만 초기의 힘들고 어려운 과정에서 오래 머물다 보면 남들은 이미 쑤욱 앞으로 나간 상황에서 더욱 하기 싫어집니다. 그러나 아무렴 어떤가요? 자아 존중감이 높은 아이들은 상관없습니다. 그래도 부모님은 날 예뻐할 거고 난 충분히 사랑받을 테니까요. 자아 존중감은 아이가 인생을 살아가면서 매우 중요한 자질임에 틀림없습니다. 하지만 이 자아 존중감에는 균형이 필요합니다. 건강하게 기능을 해야 되는 것입니다. 그렇다면 어떻게 해야 자아 존중감이 건강하게 그 힘을 발휘할 수 있을까요? 여러 사례들을 살펴보겠습니다.

마음 읽기의 명암,
자아 존중감의 기준 세우기

자아 존중감이 낮은 아이들 중에는 부모에게서 사랑과 관심을 받는 방법으로 공부를 선택하는 경우도 종종 있습니다. 늘 부족하게 느껴지던 부모의 감정이 어느 날 '내가 무엇인가를 잘 해냈을 때' 확 달라진다는 것을 느낀 것이죠. 격한 칭찬, 과한 표정으로만 알 수 있는 것은 아닙니다. 아이들은 매우 영민해서 부모의 작은 내적 감정 변화까지 미세하게 감지하기도 합니다. 아이 입장에서 부모는 때로 자신의 생명줄을 쥐고 있는 절대적인 존재이기 때문에 부모의 반응에는 본능적으로 영향을 받습니다.

어떤 경우든 뭔가 부족함을 느끼던 아이가 공부를 잘하는 행동을 통해 부모의 사랑과 관심이 충족됨을 느낀다면 그것 자체가 강한 동기가 되어 공부를 열심히 하게 됩니다. 하지만 자아 존중감이 낮은 아이는 공부를 잘하는 경우보다는 못하는 경우가 훨씬 많은 것이 사실입니다. 어린 시절 누군가에게서 긍정적인 내적 지지를 받지 못하면 대부분 부정적인 방향으로 나아가기 마련이니까요. 우리가 익히 알고 있는 자아 존중감이 낮은 아이들이 보이는 문제 행동들이 여기에 해당한다고 볼 수 있습니다. 따라서 자아 존중감은 아이들이 삶을 살아가는 데 가장 밑거름이 되는 자양분이라는 걸 알 수 있습니다.

그러나 아무리 좋은 거름이라도 지나치게 많이 주면 나무가 썩게 되듯이 자아 존중감 또한 지나치면 문제가 생길 수 있습니다.

제가 자아 존중감을 이야기하면서 이 영역에 해당하는 아이들에 대해 꼭 전하고 싶은 말이 있었습니다. 요즘은 좋은 육아서도 많고 아이 심리에 대한 관심도 높다 보니 많은 부모들이 아이의 자아 존중감을 높이기 위한 노력을 많이 합니다. 그 덕분에 최근 십여 년 사이 학교에서 만나는 아이들도 과거에 비해 자아 존중감이 튼튼한 아이들이 많아졌습니다. 하지만 자아 존중감은 지나치면 우월감으로 변질되는 문제를 안고 있습니다. 어렸을 때부터 "네 마음이 그랬구나. 속상해서 그랬던 거구나" 하고 마음 읽어주기를 많이 해준 아이는 어떤 상황에서도 자신의 입장을 말하고 스스로를 대변할 줄 아는 힘을 지니게 됩니다. 문제는 자신이 잘못한 상황에서조차 그런다는 것이죠.

친구에게 욕을 하고 주먹으로 친구의 얼굴을 때린 아이가 있습니다. 맞은 아이가 우는 것을 보고 놀라서 때린 아이에게 왜 그랬냐고 물었습니다. 선생님의 질문에 아이는 미안해하거나 머뭇거리지도 않고 아주 당당하게 말합니다.

"그게요, 선생님. 제가 먼저 욕을 하고 때린 것은 잘못인데요, 사실 저도 그동안 많이 참은 거거든요. 저 친구도 절 좋아하지 않아요. 오늘도 그래서 참다 참다 그런 거예요."

"아무리 그렇다고 해도 친구를 먼저 때린 행동은 네가 잘못한 거야."

"저도 알아요. 그래서 제가 막 사과하려고 했는데, 어쩌다 보니 미안하다고 말할 기회를 놓친 거예요."

아이 말만 들어보면 너무나 이해가 되는 상황입니다. 문제는 아이의 그 긴 이야기 어디에도 자신의 마음과 입장만 있을 뿐 맞은 친구의 마음에 대한 이해는 없다는 것입니다. 게다가 자신은 사과를 하려고 했기 때문에 더욱 잘못한 게 없다는 표정입니다.

"그래, 사과하려고 했다니 기특하구나. 하지만 맞은 친구 입장에서 생각해보자. 그 친구는 네가 사과하고 싶었지만 기회를 놓쳤다는 것을 알지 못해. 사람은 표현하기 전까진 상대의 마음을 모르는 거니까. 그러니까 네가 '사과'를 표현하기 전까지는 그 친구에게 미안해하는 마음을 전달하는 것이 중요해. 사과하려고 했다는 마음만으로 네가 이렇게 당당하면 맞은 친구 입장에서는 더욱 억울하고 화가 치밀 수밖에 없지."

쉴 새 없이 자신의 마음을 이야기하던 아이는 그제서야 멍해진 표정이 됩니다. 많은 경우 이런 아이들에게 이기적이라는 표현을 쓰지만 제가 보기엔 그런 표현을 쓰기는 이른 감이 있습니다. 왜냐면 아이는 지금까지 살아오면서 부모에게 자신의 마음이 중요하다는 말만 들었지 상대의 마음을 헤아리는 법을 배우지 못했기 때문입니다. 그건 제가 상대 친구의 마음을 설명해주었을 때 아이가 보인 반응에서 알 수 있습니다. 멍해진 아이의 표정이 그걸 말해주었던 겁니다. 정말 이기적인 아이라면 선생님의 말에 지지 않고 말꼬리를 잡았을 겁니다.

지나치게 높은 자아 존중감은 아이의 공부와도 관련이 있습니다. 자아 존중감이 높은 아이는 '나는 한 방이 있는 사람'이라는 생각을 갖고 있지만, 그 한 방을 만들어내는 부단한 노력의 과정은 소홀히 하여 공부의 열매를 맺어야 할 때는 눈을 감아버리는 일이 생깁니다.

한눈에도 사랑을 많이 받고 자란 아이란 인상을 주는 민혜. 유난히 밝은 미소가 눈에 들어와서 보고 있으면 기분이 좋아지는 아이였습니다. 학기 초에 상담을 하러 온 민혜 어머님 또한 민혜와 같은 미소를 지니고 계셔서 상담을 하면서도 저 역시 마음이 밝아졌습니다. 상담을 해보니 민혜 어머님은 아이 교육에 많은 관심을 갖고 계신 듯했습니다. 특히 '감정코칭' 교육으로 아이가 아주 어렸을 때부터 아이의 감정을 이해하고 마음 읽는 것에 많은 노력을 해오셨다고 했습니다. 그러면서 당부하시기를 민혜가 유독 약한 것이 끈기인데 그런 점이 보여도 아이가 자신에 대해 부정적인 자아상을 만들까 봐, 되도록 지적하기보다는 격려해달라고 말씀하셨습니다. 약간의 혼란이 왔지만 민혜를 더 유심히 지켜보기로 했습니다.

민혜는 정말 밝은 인성을 가진 아이였습니다. 하지만 문제는 공부. 아무리 공부보다 중요한 것이 많아진 시대라고 하지만 과정 속에 지구력을 발휘해야 할 수학 공부는 문제가 안 풀리면 손을 놔버리니 안타까웠습니다. 고학년의 학습은 확실히 이전과는 달라집니다. 성실한 생활 태도가 이때 힘을 발휘하는 것은 끝까지 문제를 해결해야 하는 지구력이 필요하기 때문입니다. 항상 중간에 포기해버리는 게 안타까워 민혜에게 다가가 "이게 어려우면 이 문제부터 풀어볼까?"라고 말하니 민혜도 답답했던 듯합니다. 어느 날 "선생님, 수학이랑 전 잘 안 맞는 것 같아요. 제 마음도 힘들고요. 그냥 제가 잘하는 걸 더 열심히 할게요"라고 제게 다가와 이야기를 했습니다. 잘하는 것에 집중하는 것은 좋습니다. 하지만 제대로 시도조차 하지 않고 중간에 포기하는 것은 다른 문제입니다.

자아 존중감이 건강하게 작용하려면 다른 내면의 힘이 뒷받침해줘야 됩니다. 생활의 다양한 방면에서 건강한 가치관과 인성을 심어줘야 하는 이유도 이것입니다. 삶의 근력이 되기 때문입니다. '나는 참 괜찮은 사람이야'라는 마음으로만 살아가기에는 우리가 나 자신에게 있습니다. 자기 자신을 잘 아는 사람일수록 공부에 있어서도 가장 효율적인 최고의 전략을 세울 수 있습니다.

둘째, 부풀려지고 과도한 칭찬은 아이에게 부담을 줍니다

아이의 능력 이상의 칭찬은 아이에게 심적 부담을 안기고 현실을 직시하지 못 하게 만듭니다. 현재 아이의 모습을 있는 그대로 바라보고 그에 맞는 격려와 칭찬을 해야 합니다. 아이에게 꼭 칭찬을 해야 한다는 부담을 갖지 않아도 됩니다. 이제 아이는 부모 말의 진정성을 알 수 있습니다. 아이의 감정 상태와 생활에 대한 이해와 관심만으로도 충분히 아이는 부모의 사랑을 느낍니다.

셋째, 아이의 감정은 존중하되, 그 이후의 실행도 중요함을 일깨워주세요

"난 할 수 있어" "난 최고야" 이런 감정에만 머물러 있다면 생활 속에서 실행할 수 있는 것은 아무것도 없습니다. 힘들고 어렵지만 '해야만 하는 일들'이 있음을 인지시켜주세요. 생활 속의 실천이 학습 결과로도 이어질 수 있습니다. 또 지나친 허용은 오히려 아이의 자아 존중감을 훼손시킵니다. 해야 하는 일을 부모와 아이가 함께 원칙을 만들어가도 좋습니다. 다만 함께 정한 원칙은 꼭 지키도록 이끌어줍니다.

나 할 수 있어,
자기 효능감

자기 효능감은 과제를 끝마치고 목표에 도달할 수 있는 자신의 능력에 대한 스스로의 평가를 가리킵니다. 자신이 성공할 수 있는 의지와 능력을 가지고 있고, 중요하고 유능한 사람이라고 믿는 것입니다. 이러한 자신에 대한 신뢰의 감정은 모든 행동의 동기가 될 뿐만 아니라 건강한 성격을 지닌 어른으로 성장하기 위한 힘이 됩니다. 이 경험이 많을수록 스스로에 대해 긍정적으로 인식을 하고 앞으로 어려움이 생겨도 이를 극복하고 이겨나갈 수 있다는 믿음을 갖게 됩니다.

자아 존중감은 매우 주관적인 마음입니다. 스스로 사랑받고 있는 존재라는 믿음은 어떤 구체적인 자료로 입증하기 어렵습니다. 하지만 자기 효능감은 좀 더 실체적이고 구체적인 경험에서 나옵니다. 이런 차이는 자아 존중감自我尊重感에는 '나 아我' 자를 사용하고 자기 효능감自己效能感은 '몸 기己' 자를 사용하는 것에서도 알 수 있습니다. '나 아' 자는 주관적인 자기의 느낌이라는 의미가 강하고, '몸 기' 자는 몸으로 직접 체험하고 눈으로 보이는 어떤 것이라는 의미가 더 강합니다.

이 더 중요하겠다' 하면서 실패해도 개의치 않습니다. 다음 과정으로 나아가면 되니까요. 방법을 찾기만 하면 이루는 것은 자신의 힘으로 가능하다는 신념이 마음 바탕에 깔려 있기 때문입니다.

그리고 자신에게 맞는 목표를 설정합니다. 바라는 목표가 분명하고 그 목표를 달성하기 위해 어떤 노력을 기울여야 하는지에 대해서 부지런히 탐색하는 것, 현재의 부족함도 자신의 노력으로 극복할 수 있다는 아이의 내적 자신감은 건강한 자기 효능감에서 나옵니다. 그렇다면 제가 교실에서 만난 아이들을 통해 건강한 자기 효능감의 영향력을 살펴보도록 하겠습니다.

끝까지 해내는 힘,
자기 효능감의 가지치기

아이들을 가르치면서 공부도 잘하면서 자기 효능감도 높은 건강한 아이를 종종 만나게 됩니다. 민성이는 소위 말하는 '엄친아' 입니다. 학교 성적도 우수하고 성격도 좋습니다. 학급 선거에서도 친구들의 압도적인 지지로 회장에 당선되었습니다. 체육 시간, 저는 회장에게 교실 문단속을 시킵니다.

"교실 창문 좀 닫아주세요."

저의 이 한마디에 보이는 아이들의 반응은 제각기 다릅니다. 선생님이 가리킨 바로 그 창문 하나만 닫는 아이가 있습니다. 교실에 있는 수많은 다른 창문이 열려 있는 것은 보이지 않기 때문입니다. 하지만 민성이는 달랐습니다. 제가 미처 말하기도 전에 창문을 모두 꼼꼼하게 닫고 심지어 제가 놓친 전등까지 모두 끄고 나왔습니다.

대부분의 초등학생 수준의 아이들은 관심 시야가 넓지 못합니다. 자기 주변의 것만 보이고 어떤 하나에 지속적인 관심을 두고 관리하는 힘도 부족합니다. 그런데 자기 효능감이 높은 아이들은 이런 부분에서 우수한 능력을 보입니다. 다른 친구들보다 주변의 사물과 상황을 훨씬 폭넓게 인지하고 삶에서 사소한 문제들이 생겼을 때 그것을 해결하는 능력도 뛰어납니다. 일상의 크고 작은 일들을 겪으며 벽에 부딪혔을 때 느끼는 불안감도 이 아이들에게서는 훨씬 낮게 나타납니다. 자기 효능감은 처음에는 생활 주변의 사소한 일들의 경험에서부터 쌓이기 시작하지만, 학년이 높아지고 공부해야 하는 지식들이 어려워지면 조금씩 학업에까지 영향력을 발휘하기 시작합니다.

막 혼돈에 빠진 수학 시간의 모습을 살펴보겠습니다. 한 단원을 다 공부한 뒤에 나오는 심화보충 문제 풀이 시간입니다. 단순한 풀이로는 해결이 되지 않는 문제들이라 꽤 오래 생각하고 머리를 굴려야만 합니다.

"아아, 선생님, 모르겠어요."

"머리에서 쥐 날 것 같아요."

"도대체 정답이 뭐예요?"

여기저기서 한숨 소리가 튀어나옵니다.

"수학은 답을 찾지 못해서 답답하고 힘든 이 상황을 견딜 줄 알아야 잘할 수 있는 과목이에요. 조금만 더 생각해봅시다. 선생님이 힌트를 줄게요."

힌트를 주겠다는 말에 다시 한 번 심기일전하며 눈을 반짝이는 아이들과 이미 에너지가 다 소진되어 그러거나 말거나 포기해버리는 아이들도 보입니다. 그때 은주가 손을 듭니다.

"선생님, 근데 이거 시험에 나와요?"

예리한 질문입니다. 단원을 배운 후 나오는 심화보충 영역은 평가 대상에선 제외된다는 것을 알고 있는 것입니다.

"심화 활동은 시험에 나오지는 않아요."

순간 교실의 아이들은 다시 두 부류로 나뉘었습니다. 시험에 안 나오니까 할 필요가 없다고 생각하는 아이와 그래도 한번 시작했으니 끝장을 봐야지 하는 마음으로 손에서 문제를 놓지 않는 아이. 은주는 전자에 민성이는 후자에 해당합니다. 초등학교 시험 문제는 나오는 범위가 정해져 있지만, 나중에 아이들이 성인이 되어 부딪히는 현실 사회의 문제는 범위가 정해져 있지 않습니다. 그리고 현실 사회에서 필요한 능력은 정답을 찾는 일보다 끈기를 가지고 문제를 해결하고자 노력하는 성실함이 더 필요한 일일지도 모릅니다. 당장 눈앞의 이익(시험에 나오느냐 나오지 않느냐)만으로 열심히 할 일과 그렇지 않을 일을 구분한다면 그 아이에게 주어지는 현실 세계의 문은 어쩌면 그만큼 더 좁아질지도 모릅니다.

학부모 상담을 해보니 민성이는 집에서 집안일도 잘하고 자기 할 일도 스스로 잘하는 아이였습니다. 어느 날 집에서 신발장을 정리하고 엄마에게 받은 칭찬과 스스로에 대한 뿌듯한 느낌은 그대로 아이 마음에 각인이 되어, 조금 힘들거나 남들이 하지 않는 일에 도전할 수 있는 동기를 부여합니다. 그 힘은 조금씩 쌓이고 쌓여서 심화 문제를 푸는 장에서도 쉽게 포기하지 않고 도전해보려는 내적 힘을 가동시키고 있는 겁니다.

도전을 자꾸 해봐야 성공할 기회도 많아지는 법! 늘 포기하지 않고 호기심을 유지하던 민성이가 어느 날 드디어 진짜 어려운 수학 문제를 혼자서 풀어내고 말았습니다. 친구들도 민성이가 제시한 정답에 감탄하며 "대단하다. 어떻게 알았냐?"라는 반응을 보입니다. 그 모습이 대견한 저도 칭찬을 아끼지 않았습니다. 아마 그때부터 수학 시간에 부쩍 민성이의 목소리가 커지고 우렁차지기 시작했던 것 같습니다. 그리고 더불어 질문도 많아졌습니다. 대부분 혼자 골똘히 생각하다가 막히기 시작하면서 쏟아내는 질문들이었습니다. 다른 아이들의 질문과는 차원이 다른 매우 창의적인 질문들이었습니다. 민성이의 두 번째로 훌륭한 점은 깨달음의 즐거움을 혼자서만 독차지하지 않고 늘 친구들과 나눈다는 점이었습니다.

"야, 이거 어떻게 풀었냐? 난 도대체 모르겠다" 하며 한숨을 쉬는 친구에게 자신의 쉬는 시간도 반납해가며 열심히 설명을 해줍니다. 친구가 이해를 못하면 침을 튀기며 열강을 합니다. 가르쳐주는 행동 자체가 친구를 위한 배려일 뿐만 아니라 민성이 스스로도 즐거운 일이 되고 있었던 것입니다. 건강하게 형성된 자기 효능감은 아이가 성장할수록 가지치기를 해나가며 여러 영역으로 뻗어나가게 됩니다.

자기 효능감은 인간이 기울이는 노력의 모든 영역에 영향을 미칩니다. 자기 효능감은 어떤 상황에 영향을 미칠 수 있는 자신의 힘에 대한 신념을 결정함으로써, 그 사람이 유능하게 도전할 수 있는 실제의 힘과 그 사람이 취하는 선택에도 강한 영향을 미치게 됩니다.

자기 효능감이 엇박자를 낼 때

앞서 심화보충 활동 시간의 내용이 시험에 나오느냐고 질문을 했던 은주에게로 잠시 돌아가 보겠습니다. 은주는 어렸을 때부터 인지 발달이 빨랐다고 했습니다. 말도 빨리하고 한글도 또래보다 일찍 떼고 숫자는 물론 영어 단어를 받아들이는데도 관심이 높았습니다. 아이의 타고난 재능을 잘 살려주고 싶었던 부모는 은주를 영어 유치원에도 보내고 아이가 관심을 갖는 것은 무엇이든 배울 수 있게 해주었습니다. 당연히 초등학교에 들어가서도 은주는 또래보다 두각을 나타냈고, 언제든 1등을 놓치지 않았습니다. 하지만 말이 쉽지 항상 1등을 하는 것이 저절로 되는 것은 아닙니다. 아이도 스트레스를 받고 예민해질 때가 많았습니다. 잘하려고 노력하느라 힘든 아이가 안쓰러워 부모는 웬만한 아이의 감정은 다 받아주었습니다. 감정뿐만 아니라 입는 것, 먹는 것, 방 청소, 학원 픽업 등 공부 외적으로 아이가 힘들어 할 만한 것은 모두 나서서 차단하고 도와주었습니다. 요즘 같이 애들이 감당해야 할 것이 많은 힘든 세상에서 스트레스를 조금이라도 덜 받게 해주고 싶은 부모 마음 때문이었습니다.

그런데 그 과정에서 은주는 생활 속의 작은 일들을 경험하면서 느끼는 자기 효능감을 배울 기회를 놓치고 말았습니다. 거기서 비롯된 문제들이 고학년이 되자 학교 생활에서 조금씩 터져 나오기 시작했습니다.

물감을 이용해 그림을 그리는 미술 시간. 도화지, 물감, 물통, 팔레트까지 펼쳐 놓으니 가뜩이나 좁은 책상 위가 매우 비좁아졌습니다. 조금만 부주의해도 물을 엎지르거나 물건들이 떨어지기 쉬운 상황. 아이들도 물건의 배치를 신경 쓰며 서로 조심합니다. 그런데 은주가 가방에서 책을 꺼내려다가 옆 짝의 물통을 쳐서 도화지에 물을 쏟고 말았습니다. 당황한 짝은 울상이 되었고, 뚝뚝 떨어지는 물에 다른 물건들이 더 젖지 않게 하느라 바삐 손을 움직입니다. 주변의 친구들도 재빨리 휴지를 가지고 와서 도와줍니다. 그런데 은주는 멀뚱히 서서 그 상황을 그냥 바라만 보았습니다. 휴지를 찾는 듯이 가방을 뒤적이더니 여전히 멍하니 물건들이 젖는 것을 바라보고만 있는 것이었습니다. 그 상황이 이어지자 짝을 비롯해서 반 아이들도 은주의 행동에 불만을 터트렸습니다. 은주는 우리 반 1등이긴 했지만, 그 상황에서는 공부 지능과 일상생활 지능이 전혀 다른 것처럼 느껴졌습니다.

"은주야, 누구나 실수는 할 수 있어. 문제는 실수를 하고 난 후의 말과 행동이 중요한 거야. 아까 같은 상황에서는 얼른 휴지를 꺼내서 쏟아진 물을 닦아줬어야지."

"그게 저도요. 휴지를 찾고 있었는데요. 모르겠어요. 너무 정신이 없어요."

하지만 은주는 여전히 당황할 뿐 어떠한 행동도 취하지 않았습니다. 저도 은주가 일부러 그렇게 행동한 것이 아니라는 것은 압니다. 하지만 누가 봐도 은주의 행동은 이해하기 어려웠습니다. 그런데 비슷한 일이 반복되어 자주 아이들과 갈등을 겪는 것을 지켜보면서 은주가 일상 속의 예상치 못한 돌발 상황에 대처하는 것에 굉장히 취약하다는 것을 알게 되었습니다. 그 나이에 맞게 대처할 수 있는 해결 방법이 있음에도 불구하고, 아이는 그런 일이 일어날 때마다 매우 어린아이 같은 행동을 보였습니다.

우리가 흔하게 듣는 '공부만 잘하는 아이'는 어쩌면 이렇게 완성되는 건지도 모릅니다. 지금까지 은주는 실수로 쏟은 물을 스스로 치울 기회가 없었던 것이죠. 언제나 발 빠르게 부모가 먼저 도와

줬을 테니까요. 물론 그때 부모의 마음은 이렇게 '공부만 할 줄 아는 아이'로 키우려 했던 것은 아니었을 겁니다. '공부에 지친 아이'에 대한 안쓰러운 사랑의 마음이었겠지만 그 사랑이 아이의 자기 효능감을 키우는 데는 방해가 되었던 겁니다. 그런데 안타까운 것은 은주는 자신 있는 공부마저도 준비되지 않은 문제 풀이나 창의력을 요구하는 해결 과제는 여지없이 당황하거나 허둥대는 모습을 보이곤 했습니다.

그렇다면 자기 효능감이 지나치게 높은 아이는 어떨까요? 자아 존중감이 적당하면 건강하게 작용하지만, 지나치게 높으면 우월감의 부작용이 나타나듯이 지나치게 높은 자기 효능감도 부작용이 있습니다. 특히 어렸을 때는 감정을 존중받으면서 자아 존중감을 키워야 하는데 이 시기에 지나치게 빨리 키워진 과도한 자기 효능감이 그렇습니다.

제가 만난 아이 중 석훈이는 주변의 모든 사람들에게 모범생이라는 말을 듣는 아이였습니다. 엄마 일도 척척 도와 집안일도 잘하고, 석훈이 아래로 있는 어린 동생들과도 잘 지내며 동생들이 못 챙긴 학교 준비물도 매번 교실까지 찾아가 챙겨줍니다. 어른들에게도 예의 바르고 마음도 착한데다가, 공부도 매번 1등을 합니다. 심지어 석훈이는 학원도 다니지 않고 혼자 인터넷 강의로 공부

한다고 합니다. 주변에서는 그런 아이가 부러워 석훈이 부모님께 비결을 묻습니다.

“공부는 자기가 알아서 하는 거지, 부모가 시킨다고 되나요? 우리는 아이에게 한 번도 공부하라고 한 적이 없어요.”

석훈이 부모님은 아주 쿨하게 대답합니다. 사실 석훈이의 존재는 교사인 저에게도 매우 큰 도움이 되곤 했습니다. 우리 반에는 근육병을 앓고 있어 휠체어 생활을 하는 친구가 있었습니다. 전동 휠체어라 평소엔 도움을 필요로 하지 않지만 간혹 문턱이 높은 곳엔 들어가지 못하는 경우가 있습니다. 학교 도서관이 그런 곳이었습니다. 그래서 도서관 입구엔 작은 발판을 하나 마련해두었습니다. 그런데 이 발판이 평소엔 다른 친구들의 통행에 방해가 되기 때문에 치워두었다가 휠체어가 들어갈 때만 챙겨서 놓아주어야 했습니다. 물론 그 일은 제가 신경 써서 하고 있었습니다. 그런데 어느 날 아이들 때문에 바쁘고 정신없는 일이 생기는 통에 발판을 놓는 일을 깜빡 잊고 말았습니다. 뒤늦게 깨닫고 아차! 싶어 돌아보니 누군가 이미 발판을 놓아둔 상태였습니다. 바로 석훈이의 배려였습니다. 누가 시키지 않아도 스스로 알아서 친구를 챙긴 마음이 너무 예뻐서 무한 칭찬을 퍼부었습니다.

그때부터 저는 석훈이를 더욱 눈여겨보며 관심의 시선으로 지켜보았습니다. 처음에는 석훈이의 모습이 대견하기만 했습니다. 그런데 석훈이를 쭉 지켜보다 보니 조금씩 안쓰러운 마음이 들기 시작했습니다. 석훈이가 감정적으로 지나치게 경직된 모습을 보이고 있다는 인상을 받았기 때문입니다. 통제와 절제, 그리고 배려로 무장한 석훈이의 속마음은 어떨까 궁금했습니다. 스스로 알아서 자기주도적으로 공부하고, 어른 못지않은 배려로 친구를 챙기는 일은 사실 아동기의 발달 수준에 맞지 않은 일입니다. 석훈이를 유심히 지켜보면서 친구를 걱정하고 학급 일을 먼저 생각하는 모습은 기특하고 대견하지만, 정작 그러느라 본인의 즐거움은 찾지 못하고 있다는 것이 마음에 걸렸습니다.

석훈이와 함께한 1년 동안 아이답게 무장해제되어 까르르 웃거나, 친구들과 놀이를 하느라 종 치는 소리도 듣지 못하는, 어쩌면 아이들에게서 흔하게 볼 수 있는 모습을 찾아보기 힘들었습니다. 어른들의 눈에는 모범적이고 반듯하게 보일지 몰라도 정작 아이가 살아가면서 자신의 감정에 충실하고 삶의 행복을 느끼지 못하는 것은 아닐까 안타까웠습니다.

실패와 도전이
두려운 아이

소린이는 공부도 잘하고 모든 분야에서 뛰어난 능력을 발휘하는 아이입니다. 특히 논리적인 사고 능력이 우수해서 글쓰기 부분에서 더욱 두각을 발휘했습니다. 교육청에서 실시하는 백일장 행사에 학교 대표로 두 명을 선발해달라는 공지가 있었습니다. 저는 소린이에게 좋은 기회라고 생각해 대회에 참가하자고 권유했습니다. 그런데 의외로 아이가 하지 않겠다고 말하는 겁니다. 계속된 설득에도 소린이는 미적거리기만 하며 선뜻 나서지를 않았습니다. 결국 아이가 글짓기에는 자신이 없나 보다 싶어 더 이상 설득하기를 그만두었습니다. 그런데 바로 한 달 뒤 교내에서 열리는 글짓기 대회에는 참가하겠다고 하면서 먼저 신청서를 내는 겁니다. 도대체 아이 마음이 뭘까 궁금했습니다. 소린이 부모님도 소린이의 이런 부분을 제일 걱정스러워했습니다. 분명 잘하고 능력도 있는데 가끔 하기 싫다고 도전조차 하지 않으려는 태도를 보인다는 겁니다. 그렇다고 부모가 억지로 시키는 것도 아니고 꼭 상을 받으라고 강요하는 것도 아닌데 말이죠.

제가 본 공부를 잘하는 아이들 중에는 의외로 실패를 두려워하는 아이들이 많습니다. 그도 그럴 것이 무엇을 하든 항상 잘한다는 말만 들었고 그것에 익숙한 아이들에게 반대의 상황에 놓이게 될지도 모른다는 생각은 상상만으로도 막연한 불안감을 불러일으킵니다. 이런 증상은 특히 고학년이 되면서 더 두드러집니다. 이 시기의 아이들은 직접 경험해보지 않아도 대충 내가 어느 정도의 수준인지 알고 있습니다. 아마 소린이에게 교육청에서 실시하는 글짓기 대회는 막연한 불안감으로 작용했을 겁니다. 어떤 실력을 갖춘 아이들이 출전하는 대회인지 도저히 감이 잡히지 않으니까요. 하지만 교내 대회는 다릅니다. 미리 공지가 되어 있던 것이니 충분히 준비할 수도 있고, 대충 내가 어느 정도의 결과를 얻을 수 있을지 예상되어 자신 있었을 겁니다. 잘하고 싶고 학습에 대한 동기가 충분한 아이들일수록 자신이 경험해보지 못한 실패에 대한 두려움은 더욱 큰 것 같습니다. 이런 아이들에게는 지금까지와는 다른 방향의 처방이 필요합니다.

소린이가 스스로 신청했던 교내 글짓기 대회에서 상을 받아온 날 엄마는 일부러 아무렇지도 않은 듯 대했습니다.

"잘했네. 우리 딸 대단해. 그런데 소린아, 엄마 오늘 저녁에 약속이 있어서 그러는데 아빠랑 피자 시켜서 먹을래?"

예전 같으면 아이가 상을 받은 것에 대해 온 가족이 모여 축하

파티라도 했을 테지만, 성공에 대한 의미를 지나치게 부각시킨 것이 반대로 실패에 대한 불안감의 그림자를 더 짙게 만들었다는 생각이 들었기 때문입니다.

또 반대로 아이가 열심히 준비했던 시험에서 좋은 성적을 내지 못해 풀이 죽어서 온 날도 엄마는 똑같이 행동했습니다.

"우리 딸이 엄청 열심히 준비한 것 엄마가 아는데 정말 속상하겠다."

그리고 소린이의 등을 토닥여줍니다.

"그런데 소린아, 오늘 할머니가 집에 오시기로 해서 엄마가 장을 보러 가야 해. 너도 기분 풀어지면 방 좀 대충 치워줘. 알았지?"

상심했을 아이가 안쓰러워 마음을 풀어주기 위해 아이 중심으로 시간을 보내지 않고 오히려 평상시와 같이 행동하는 것이 불안감의 그늘을 거두는 데 더 도움이 된다는 것을 알기 때문이었습니다. 부모의 이 같은 행동은 "실패해도 괜찮아"라는 말을 진짜로 아이에게 전하는 방법이 됩니다. 아이들은 "실패해도 괜찮다"는 말을 부모에게 수없이 들어왔습니다. 하지만 고학년이 되면 자신이 잘했을 때 좋아하는 부모의 모습 속에서 '그래도 실패보다는 성공이 좋구나'라는 것을 잠재적으로 배우게 됩니다. 그러니 실패에 대한 불안감이 사라지지 않습니다. 이 불안감을 없애주기 위해서는 성공을 했을 때도, 실패를 했을 때도 부모가 일관된 감정을 유지하는 것이 중요합니다.

사실 초등학교 시기의 아이들에게 성공과 실패는 일상과 같은 것입니다. 자라나는 과정에서 자연스럽게 겪게 되는 일들인 것이죠. 그러니 부모도 아이의 성공과 실패를 일상의 일처럼 받아들이는 모습을 보여주는 것이 중요합니다. 특히 소린이처럼 무엇이든 열심히 하고 잘하려고 하는 아이들이 고학년이 되면 이런 부모의 태도가 절대적으로 필요합니다. 어느 한쪽으로 기울지 않은 진짜 공부 자존감을 키워주는 방법입니다.

그렇다면 건강한 자기 효능감은 어떻게 만들어가면 좋을지 생활 속의 실천 방법을 살펴보겠습니다.

TIP

자기 효능감 높이는 3단계 실천 방법

건강한 자기 효능감을 만들기 위해서는 아이 스스로가 성공을 경험하는 것이 중요합니다. 아이의 성공 체험이 아이가 잘할 수 있는 일, 아이만의 고유한 재능과 연결될 때 자기 효능감은 더욱 높아집니다. 다음 3단계 실천 방법을 아이와 함께 실행해보도록 합니다.

첫째, 구체적인 목표를 설정해서 실천 가능한 생활계획 세우기

자기 효능감을 높이기 위한 생활계획표를 아이가 직접 만들게 합니다. 생활계획표에는 되도록 구체적이고 상세한 실천 내용을 많이 담는 것이 좋습니다. 소소한 실천들을 잘게 나누어 아이가 직접 계획하도록 합니다. 규칙의 중요성을 일깨우고 생활에 담긴 작은 목표를 제시함으로써 일상 속에서 성공 체험을 할 수 있도록 도와줍니다. 이것이 잘 지켜지면 새로운 목표를 담은 다음 계획을 세우도록 합니다.

둘째, 아이 스스로 직접 실천하여 자율성과 주도성 심어주기

아이가 직접 정한 생활계획표의 구체적인 목표는 실천 또한 스스로 할 수 있게 해야 합니다. 이때 부모가 과도하게 개입하거나 통제하는 것은 역효과를 가져옵니다. 처음은 시행착오를 겪습니다. 다소 답답하더라도 아이 스스로 할 수 있도록 인내심과 여유를 가져주세요. 또한 아이가 계획을 잘 이행했을 때는 꼭 아이의 성과를 인정해주세요. 이때 칭찬 스티커를 활용하면 효과적입니다.

셋째, 계획 실천 과정을 공유하고 대화를 통해 적절한 교육법 찾아내기

계획을 세우고 실천 과정을 거치면 대화를 통해 아이의 잘한 점과 잘못한 점에 대해 적절한 피드백을 해줍니다. 잘한 점은 칭찬하고 잘못한 점은 다음에 어떻게 개선할 수 있을지 의견을 나눕니다. 이 과정에서 아이는 자신에 대한 부모의 믿음과 애정을 느낄 수 있으며, 자신감을 얻고 스스로 해내려는 도전 의식을 갖게 됩니다.

자아 존중감과 자기 효능감의
기막힌 타이밍

앞서 설명했듯이, 자아 존중감과 자기 효능감의 균형은 중요합니다. 또한 아이들을 가르치면서 느낀 점은 두 힘을 기르는 데 중요한 시기가 있다는 것이었습니다. 그 시기는 너무 빨라도, 너무 늦어도 문제가 될 수 있습니다. 자아 존중감은 태어나면서부터 시작되어 유아기에 충분히 채워지는 것이 중요합니다. 이 시기에 부모에게 충분한 사랑을 받은 아이들은 초등학교 때, 설혹 예상치 못한 문제를 겪어도 흔들리지 않는 단단함을 보입니다. 반면 유아기에 채워지지 않은 자아 존중감 때문에 초등 시기에 문제가 되어 뒤늦게 채우려고 하면 아이도 부모도 꽤 긴 시간 어렵고 힘든 시기를 감수해야 합니다. 뒤늦게 채워주려고 했을 때 전형적으로 아이가 보이는 문제는 '퇴행'입니다. 다시 어린아이가 되어버린 듯한 행동을 하게 되면 부모 입장에서도 내가 지금 잘하고 있는 건지 의문이 들고 그 행동들을 보고 참아내는 일 또한 쉽지 않기 때문입니다.

반면 자기 효능감을 키우는 중요한 시기는 아동기입니다. 석훈이처럼 너무 어린 나이에 어른스러움을 강요받고 제 할 일을 척

척 해내는 아이들은 겉모습으로는 모범적으로 보여도 의외로 마음 깊은 곳에 자아 존중감이 떨어져 있는 경우가 많습니다. 정작 주어진 일들을 하느라 아이처럼 천진난만하게 행동하고 순수하게 존재 자체로 사랑받는 기회를 많이 갖지 못했기 때문입니다.

가장 바람직하고 건강한 과정은 유아기 때 충분히 사랑을 받으며 자아 존중감을 충족시킨 후 아동기부터는 차근차근 자기 효능감을 배워나가는 것입니다. 다행히 자기 효능감을 배우기 시작하는 시기에 아이들은 학교에 입학합니다. 부모 손을 떠나 혼자서 해내야 하는 일이 많아집니다. 어떤 부모들은 이것이 안쓰러워 입학 시기에 휴직을 하고 이것저것 아이들을 챙기며 따라다니기도 하지만, 멀리 보면 오히려 아이의 자기 효능감을 키우는 데 역효과가 날 수도 있습니다. 학교 생활은 아이들에게 녹록치 않습니다. 그래서 또 한편으로 아이에게 꼭 필요한 과정이기도 합니다. 따로 아이의 자기 효능감을 키워주기 위해 애쓸 필요 없이, 아이가 학교에서 겪는 힘든 모든 일들에 대해 응원하고 지지해주는 것만으로도 충분합니다.

여기서 '응원과 지지'라고 하는 것은 아이의 친구 문제에 직접 개입하지 않고, 준비물과 책가방을 아이 스스로 직접 챙기게 하며, 웬만하면 선생님의 교육 방침에 역행하지 않고 따르게 하면서,

힘든 감정에 대해서만 '응원과 지지'를 해주는 것을 의미합니다. 이런 부모의 모든 행동 안에는 아이에게 주는 무언의 메시지가 담기게 됩니다.

"엄마 아빠는 너를 사랑한단다. 하지만 사랑한다고 해서 네가 겪는 모든 문제와 어려움까지 해결해준다는 뜻은 아니야. 지금은 비록 힘들고 속상해도 네 힘으로 그 문제를 잘 해결해나가리라 믿거든. 문제 해결에 필요한 지혜는 함께 고민해보자. 그 과정에서 지치고 넘어진다 해도 엄마 아빠는 네 옆에 함께 있어줄 거야. 그것이 엄마 아빠가 너를 사랑하는 방식이란다."

부모의 이런 태도는 아이가 자아 존중감과 자기 효능감 사이에서 균형을 잡고 건강하게 자랄 수 있도록 도움을 줍니다.

그렇다면 아이의 자아 존중감과 자기 효능감을 키워주기 위해서는 공부를 시킬 때 어때야 할까요?

우선 공부의 기준은 남과 비교하는 것이 아니라 아이에게 맞춰야 합니다. 비교한다면 아이의 과거와 현재의 모습을 비교해야 합니다. 이렇게 자아 존중감을 형성한 아이는 다른 아이들의 속도에 조바심 내지도, 자신이 뒤처졌다고도 생각하지 않습니다. 아이의 공부는 멀리 봐야 합니다. 초등학교 때의 성적이 평생을 가지 않습니다. 이때 공부 자존감이 잘 다져지면 중학교, 고등학교를 지나면서 더욱 가속을 밟습니다. 아이의 인지 발달이 균형을 이루어 남들과의 객관적인 비교가 시작되는 고학년 시기에 부모가 남과의 비교가 아닌, 아이 자신에게 초점을 맞추어 격려하는 것이 필요합니다.

자기 효능감을 높이기 위한 가장 중요한 방법은 일상 속에서 반복된 작은 성공을 경험하게 해주는 것입니다. 자기 효능감에 긍정적인 변화가 나타나게 되면 이때 난이도를 조금씩 높여가며 포기하지 않는 아이가 되도록 이끌어야 합니다. 따라서 자기 효능감을 키우기 위해서는 아이 스스로 성취하는 성공의 경험이 반드시 필요합니다. 그리고 아이가 이루는 크고 작은 성취들에 대하여 알아주며 의미를 부여하고 기뻐하는 누군가가 필요합니다. 놀랍고 위대한 결과가 아니더라도 이전에 비하여 좋아진 점이 있다면, 그 작은 성장에 의미를 부여해주세요.

마음 근력을 키우는 또 하나의 힘,
자기 조절력

자아 존중감과 자기 효능감, 아이 마음속엔 이런 힘들이 얼마나 자리 잡고 있을까요? 눈에 보이지 않으니 제대로 하고 있는지 막연하기만 합니다. 그렇다면 이 힘들이 균형을 이루는 데 필요한 좋은 거름을 활용하면 도움이 됩니다. 바로 '자기 조절력'입니다.

자기 조절력을 설명하는 데 가장 좋은 사례는 스탠퍼드대 월터 미셸Walter Mischel 교수의 마시멜로 실험입니다. 마시멜로 실험 과정은 이렇습니다. 아이들이 좋아하는 마시멜로를 탁자 위에 두고 잠깐 자리를 비우면서 15분 후에 돌아올 때까지 먹지 않고 기다리면 마시멜로를 하나 더 먹을 수 있다고 말하는 것입니다. 자기 조절력이 강한 아이들은 15분을 참고 기다린 후 마시멜로를 하나 더 받지만, 그렇지 못한 아이들은 당장 눈앞의 유혹을 참지 못하고 마시멜로를 먹어버립니다. 추후 이 아이들을 추적 조사해보니 마시멜로를 먹지 않고 참은 아이들은 마시멜로를 먹은 아이들에 비해 미국 대학입학 자격시험 점수인 SAT 점수도 높게 나왔고, 성인이 되었을 때 평균 연봉도 높았으며 각종 중독에 걸릴 확률도 낮은 것으로 나타났습니다. 자기 조절력이 아이들의 인생에서 얼마나 중요하게 작용하는지를 단적으로 보여주는 유명한 실험입니다.

그런데 이 마시멜로 실험을 제대로 이해하기 위해서 짚어둘 것이 있습니다. 바로 자기 조절력을 키우는 과정에 대한 오해입니다. 얼핏 보면 아이들을 강하게 훈육하며 참고 기다리는 인내를 키워주어야 한다는 말처럼 들립니다. 하지만 그렇게 아이들을 교육할 경우, 자아 존중감과 자기감정 표현 부분에서 부작용을 낳을 수 있습니다. 자기 조절력은 힘들고 어렵게 참으면서 키우는 것이 아니라 '즐거운 마음'으로 교육하는 자와의 '신뢰 관계'를 통해서 키울 수 있습니다.

실제로 이에 대한 내용은 후속 실험으로도 검증되었습니다. 어떻게 하면 마시멜로를 먹지 않고 더 오래 참고 기다리게 할까 고민하던 연구팀은 마시멜로를 담아둔 접시에 뚜껑을 덮어두기, 마시멜로와 비슷한 구름을 그려 넣기, 다른 재미있는 놀이하기 등 간단한 방법으로도 얼마든지 참고 기다리는 시간을 늘릴 수 있다는 것을 발견하였습니다. 그러니까 자기 조절력은 무작정 힘들게 참으면서 기르는 것이 아니라, 잠시 관심을 다른 곳에 두면서 욕구를 참는 훈련을 하고 그에 대한 보상을 받는 결과를 통해 스스로에 대해 잘해냈다는 믿음이 생기는 것으로 길러집니다.

특히나 후속 실험에서 재미있는 것은 마시멜로를 하나 더 주겠다는 약속이 잘 지켜졌을 때 아이들의 자기 조절력도 크게 향상되었다는 사실입니다. 부모나 교사가 추후의 약속을 잘 지키지 않아 아이들과 '신뢰 관계'가 형성되지 않으면 자기 조절력 향상에도 부정적인 결과를 가져왔습니다.

자기 조절력은 아이들의 성적에도 많은 영향을 끼칩니다. 실제로 지능이 아이들의 성적에 미치는 영향을 조사한 실험이 있는데 초등학생 때는 50퍼센트, 중학생 때는 30퍼센트, 고등학생 때는 20퍼센트로 학년이 올라갈수록 지능이 성적에 미치는 영향력이 줄어드는 것을 볼 수 있었습니다. 이것을 통해 고등학교 때 공부를 잘하는 것은 지능만의 문제가 아니라는 것을 알 수 있습니다. 그럼 학년이 올라갈수록 성적에 더 많은 영향을 끼치는 요인들은 무엇일까요? 다양한 요인들이 있겠지만 어렵고 힘든 공부를 하기 위해서는 지능보다는 그때그때 상황을 파악하고 적응할 수 있는 자기 조절력과 같은 요인들이 성적에 더 많은 영향을 미친다는 것을 알 수 있습니다.

자기 조절력은 앞서 말한 두 힘의 균형을 파악하는 데도 도움이 됩니다. 자아 존중감이 낮은 아이와 지나치게 자아 존중감이 높은 아이, 모두 자기 조절력이 부족해질 확률이 높습니다. 자아 존중감이 낮은 아이들에게 마시멜로 실험 상황이 주어진다면 기다리기보다는 먹어버릴 확률이 더 높습니다. 자아 존중감이 낮다는 것은 부모에 대한 신뢰와 애정이 부족하다는 뜻이므로 15분 후에 마시멜로가 하나 더 주어질 수 있다는 것에 대한 믿음이 부족할 수 있기 때문입니다. 불확실한 미래를 위해 참느니 당장 눈앞의 이득을 취하는 선택을 하는 것입니다. 아이들은 부모에게서 배운 신뢰와 애정을 사회 생활에서도 그대로 투영하는 법이니까요.

자아 존중감이 지나치게 높은 아이들에게 마시멜로 실험 상황이 주어진다면 그 아이들도 먼저 먹을 확률이 높습니다. 부모는 항상 자신을 무한 사랑하므로 마시멜로를 먼저 먹는다고 한들 크게 혼날 것 같지도 않고 나중에 하나 더 먹고 싶으면 떼를 써서 사 달라고 하면 되므로, 굳이 지금 힘들게 먹고 싶은 것을 참을 이유가 없으니까요.

반면 자아 존중감이 건강한 아이들은 부모에 대한 신뢰도 높지만 떼를 써서 뭔가를 더 얻어낼 수 있다는 생각도 없기 때문에 조금 더 참고 기다리는 것을 택할 확률이 높습니다. 참고 기다릴 줄 아는, 좀 더 나은 자신의 모습을 부모를 포함한 타인에게 보여주고 싶은 긍정적인 마음도 작용하기 때문입니다.

그렇다면 자기 효능감과 자기 조절력의 상관 관계는 어떨까요? 자기 효능감이 낮은 아이들은 마시멜로 실험 상황에서 어떤 결정을 스스로 하기 어려울 수 있습니다. 마시멜로를 먹을지 말지 부모에게 물어보고 결정해야 하는데 그렇게 하지 못하니 어쩌지 못하고 안절부절 못할 수 있습니다. 자기 효능감은 스스로 무엇을 결정하고 그에 대한 책임까지 감당하면서 어떤 일들을 해냈을 때 생기는 힘입니다. 그러니 자기 효능감이 낮다는 것은 스스로 무엇을 결정하는 능력이 부족함을 의미합니다.

자기 조절력은 어려운 일을 오래도록 견딜 수 있는 지구력이며 끈기이기도 합니다. 자기 조절력을 키우기 위해서는 사소한 일부터 의지력을 발휘해 실천하는 훈련이 필요합니다. 고학년이 되면서는 학습에서 실행력이 무엇보다 중요해지는데 시간 관리, 계획하기, 계획 실행하기 등의 실천적 요소를 아이에게 심어주는 것이 필요합니다. 또한 자기가 좋아하는 일이 실질적인 결과물을 이어질 수 있도록 자기감정을 조절할 수 있는 힘을 길러줘야 합니다.

그렇다면 자기 효능감이 지나치게 높은 아이들은 어떨까요? 이 아이들은 자기 효능감이 높아지기까지 이미 수많은 상황에서 자기 조절력을 발휘해왔을 터이므로 당연히 마시멜로를 먹지 않고 참는 쪽을 선택할 것입니다. 문제는 거기에 더하여 15분 후에 보상으로 하나 더 받은 마시멜로를 선생님에게 양보하거나 집에 가져가서 동생에게 주겠다고 챙길지도 모릅니다. 나이에 맞지 않게 너무 이른 시기에 지나치게 많이 키워진 자기 효능감과 자기 조절력은, 자신이 노력하여 얻은 보상을 스스로를 위해 즐길 수 있는 기회까지 빼앗아가버릴 수 있습니다.

반면 건강한 자기 효능감을 지닌 아이들은 적당히 기다려서 보상을 하나 더 받은 후 스스로를 위해 마시멜로를 맛있게 먹을 줄도 알 것입니다.

마음이 건강한 아이로 키우기 위해서는 내 아이의 자아 존중감과 자기 효능감의 두 힘이 어느 정도인지 판단해보고 부족한 부분을 더 독려해주는 것이 필요합니다. 그리고 부족한 힘을 독려하는 방법으로 자기 조절력을 키우기 위한 잣대를 하나 더 들이댄다면 아이의 훈육이 망설여지는 많은 순간에 도움을 받을 수 있습니다.

자기 조절력을 키우는 가장 좋은 시기는 영유아기 때이긴 하지만 초등 고학년 시기에도 여전히 아이의 자기 조절력을 키우는 훈육 방법이 필요합니다. 특히 학습 영역에서는 아이의 자기 조절력을 키울 수 있도록 부모의 관심이 중요합니다. 이때 아이에게 부모의 의견을 무조건 지시하고 따르게 하기보다는 아이의 의견을 최대한 묻고 존중하려는 자세를 가지는 것이 좋습니다. 무엇보다 자기 조절력의 핵심은 부모와 자녀간의 신뢰 관계에 있습니다. 아이와 약속한 보상이나 상벌은 철저하게 지켜야 합니다.

자기 조절력은 때에 따라서 하고 싶은 욕구도 견딜 줄 알고, 하고 싶지 않은 것도 해야만 하는 책임감과 감정조절에 기반을 두고 있습니다. 이를 염두에 두고 '해야 할 것'과 '하지 말아야 할 것'을 아이 스스로 정하고 이를 실천할 수 있도록 독려해주어야 합니다.

공부 자존감을 살리는 말

언어 발달이 빠르고 지능이 높은 아이들 중에는 크게 노력을 하지 않아도 성적이 잘 나오는 아이들이 많습니다. 특히 초등학교 때까지의 학습은 이런 요소들이 꽤 많이 작용합니다. 이런 아이들에게 성적이 잘 나오는 의미를 크게 부여한다면 오히려 공부 자존감을 떨어트리는 부작용이 생기기도 합니다.

공부를 많이 하지 않았는데도 성적이 잘 나온 아이의 예를 들어보겠습니다. 부모는 아이가 타고난 재능이 있다는 생각이 들어 더욱 잘 가르치기 위해 노력합니다. 물론 타고난 재능으로 잘하는 아이도 있겠지만, 초등학교 때의 학습 결과는 천재성보다는 다른 요인이 더 많이 작용합니다. 그중에서 가장 큰 것이 언어와 인지 발달입니다.

초등학교 1학년과 6학년이 보이는 신체 발달 차이는 매우 큽니다. 키만 보아도 알 수 있습니다. 마찬가지로 우리 눈에는 보이지 않지만 인지 발달 또한 매우 큰 차이를 보입니다. 같은 반에 키가 큰 아이와 작은 아이가 혼재하듯이, 같은 반 안에서도 인지 발달이 매우 빨라 영특한 아이와 인지 발달이 또래보다 느려 말뜻도 제대로 이해하지 못하는 아이가 있습니다.

키가 작은 아이들을 보고 키가 큰 아이보다 뒤처진다는 생각을 하지는 않습니다. 오히려 '작은 고추가 맵다'고도 말합니다. 하지만 인지 발달이 늦어 시험 성적이 낮게 나온 아이를 보면 발달이 빨라 성적이 잘 나온 아이보다 뒤처진다는 생각을 은연중에 하게 됩니다. "좀 더 열심히 해라" "너도 열심히만 하면 쟤를 이길 수 있다"는 말에 그런 뜻이 담겨 있습니다. "작은 고추가 맵다"는 말에는 키가 작은 아이의 한계를 인정하지만 오히려 그것이 더 좋은 장점이 될 수도 있다는 의미가 담겨 있습니다. 하지만 "열심히 하면 된다"는 말은 인지 발달이 늦을 수도 있는 아이의 상황을 인정하고 있지 않고, 이 모든 원인이 뭔가를 열심히 하지 않은 아이 탓이라는 메시지를 아이에게 주게 됩니다. 당연히 아이의 공부 자존감에도 큰 영향을 미치게 됩니다.

"작은 고추가 맵듯이 사람은 누구에게나 재능이 있는 법이야. 그런데 그 재능을 찾는 시기가 사람마다 달라. 어렸을 때 찾는 사람도 있고, 더 성장해서 찾는 사람도 있어."

이런 말들로 현재 아이의 성적에 대한 부분도 의미를 부여한다면 당장 아이의 성적은 그리 좋지 않더라도 공부 자존감만큼은 건강하게 길러줄 수 있습니다.

같은 맥락에서 인지 발달이 빨라 또래보다 공부를 잘하는 아이를 '너에게 특별한 재능이 있다'는 시선으로 바라보는 것은 고학년이 되었을 때 문제가 발생할 소지가 있습니다. 저학년까지의 학습 결과가 인지 발달 정도에 많이 좌우된다면 고학년이 될수록 그 차이는 서서히 줄어듭니다. 청소년기 아이들이 신체 발달이 완성되면서 키에서 별 차이가 없어지듯이 인지 발달도 별 차이가 없어지게 되면 그때부터는 다른 능력들이 공부에 더 많은 영향을 주게 됩니다.

이때는 자기 스스로 이끌어가는 주도적인 의지와 인내심, 성실성과 같은 것들이 중요하게 작용합니다. 그런데 어렸을 때부터 큰 노력을 하지 않아도 공부를 잘했던 아이는 인내심과 성실성의 중요함에 대해서 배울 기회도 함께 놓치게 됩니다. 지금 당장 아이의 성적이 잘 나왔지만, 부모의 눈에 크게 노력하지 않고도 얻은 결과라 여겨진다면, 다른 영역들에 대한 훈육도 함께해야 합니다. 공부에만 초점을 맞추지 말고 생활 전반에도 관심을 기울여야 하는 이유입니다.

"이야~ 정말 잘했다. 그런데 솔직히 이번 시험은 열심히 공부하지 않았는데도 잘 나왔네. 아마 우리 아들이 시험 볼 때 엄청 집중한 모양이야. 집에서는 공부 안 하는 것 같더니 수업 시간에는 열심히 들었구나. 아무튼 정말 축하해. 그런데 이거 하나는 기억해두자. 시험 성적이란 열심히 공부한 것과는 비례하지 않을 수도 있어. 네가 공부를 열심히 안 해도 성적이 좋게 나왔듯이 반대로 열심히 공부했는데도 잘 안 나올 수도 있어. 나중에 반대의 경험을 하게 되었을 때도 지금 생각을 하며 낙심하지 말자는 뜻이야. 중요한 것은 결과가 아니라 과정이니까."

부모의 이런 시선은 아이에게도 긍정적인 효과를 미칩니다. 결과보다 과정이 중요하다는 말을 실패했을 때 듣는 것보다 이렇게 성공했을 때 듣는 것은 아이에게 더 강하게 각인되고 긍정적으로 흡수됩니다. 더불어 성적도 좋으면서 반대로 공백이 생길 수 있는 공부 자존감에 대한 부분까지 튼튼하게 채워진 아이로 키울 수 있습니다.

한 걸음 더

건강한 자아상을 만드는 존중의 시선

아이의 자아 존중감과 자기 효능감을 높이기 위해 부모가 가져야 할 태도가 있습니다. 바로 아이를 대하는 존중의 자세입니다. 이것은 아이의 주관이 뚜렷하게 생기는 사춘기 때 더 큰 힘을 발휘합니다.

부모는 아이에게 바라는 것이 많습니다. 하지만 아이에게 어떤 것을 요구하기 전에 최대한 아이를 존중해주는 연습을 해야 합니다. '존중'이란 아이의 흥미, 적성, 진로 등에 대해 스스로 선택하고 결정할 수 있는 기회를 주는 것입니다. 부모가 바라는 것이 아니라 아이가 바라는 것을 선택하게 해야 하는 것이죠. 피겨 올림픽 금메달리스트인 김연아 선수에게 피겨보다는 공부하는 것이 중요하니 피겨 대신 열심히 공부해서 의사가 되라고 했다면 김연아 선수가 세계 최고의 성적을 거둔 피겨만큼 공부에서도 자신의 실력을 발휘할 수 있었을까요? 어른도 좋아하는 일을 하고 싶어 하듯, 아이도 어른처럼 감정이 있고 자신이 하고 싶은 일도 있고 하기 싫어하는 일도 있습니다.

아이가 항상 존중받고 있다는 것을 느끼려면 앞에서 언급한 것처럼 항상 아이의 생각을 존중하여 부모가 아니라 아이 스스로 선택하게 해야 합니다. 그리고 부모와 아이가 나누는 평소의 대화 속에서 아이가 존중받고 있다는 마음이 들어야 합니다. 존중은 생활 속의 대화로 이루어집니다. 그럼 존중을 담은 생활 속의 대화는 어떻게 이루어질까요?

첫째, 아이를 보고 대화합니다

아이를 보지도 않고 아이에게 하는 말은 대부분 훈계나 지시로 느껴집니다. 큰소리로 아이를 부르거나 고함을 치는 대신 아이가 무엇을 하는지 지켜본 후 얼굴을 보면서 말을 건넵니다. 그래야만 아이는 자신의 행동이 어떤 행동이든 존중받고 있다고 생각합니다. 존중받고 있다는 전제 아래 듣는 말은 꾸중이라도 아이에게 상처가 되지 않습니다.

특히 사춘기 아이에게는 아이가 마음을 여는 황금 시기가 있습니다. 쭈뼛쭈뼛 "있잖아" 하며 다가올 때 그때를 놓치지 말고 아이의 얼굴을 보고 그 이야기를 들어주세요. 응시의 힘은 실로 놀랍습니다. 아이를 격려할 때나 훈육할 때, 시선 하나만으로도 영향력을 발휘할 수 있습니다. 항상 너에 대한 따뜻한 관심을 갖고 있다는 것을 아이가 느낄 수 있는 강력한 수단입니다.

둘째, 아이가 하는 말의 내용에 집중합니다

때로는 아이의 말이 논리적이지 않을 수 있습니다. 아이는 부모에게는 편한 마음으로 이야기를 하고 싶어 합니다. 그러다 보면 아이는 자신의 상황이나 의견에 대해서 말하면서 말실수를 할 수 있습니다. 아이의 말실수를 꼬투리 잡아 이야기를 이어갈 때 아이는 의기소침해질 수밖에 없습니다. 그러니 아이의 말실수를 꼬집어 지적하지 않도록 합니다. 그래야 다른 사람 앞에서도 편안하게 말할 수 있는 용기가 생깁니다. 아이가 이야기를 할 때는 우선 말을 하도록 격려하고 말의 내용을 중심으로 받아들입니다.

셋째, 아이의 이름은 좋은 감정으로 불러주세요

화가 나 있거나, 아이를 혼낼 때, 아이의 이름을 강조하지 말아야 합니다. 감정이 격해질 때는 자연히 부정적인 감정이 담길 수밖에 없습니다. 화가 나 있거나 불편한 이야기를 할 때 아이의 이름이 강조되면 아이는 은연중에 자신에 대해서도 부정적인 감정을 담습니다. 아이의 이름을 강조해서 불러주어야 할 순간은 따로 있습니다. 아이에 대해서 칭찬할 때, 격려할 때 등 아이에 대해서 좋은 말을 할 때는 아이의 이름을 강조해주세요. 아이의 이름을 좋은 감정으로 부르는 것은 아이가 다른 사람들과 긍정적인 관계를 맺는 중요한 기초가 됩니다.

넷째, 부담 없는 사소한 이야기로 대화를 자주 하세요

아이와 부모 사이에 이해 관계가 적용되지 않는 이야기를 자주 나눠보세요. 아이의 의지나 생각을 나타낼 필요도 없고, 부모의 요구가 드러나지 않는 이야기가 좋습니다. 보통 부모들은 부모의 뜻을 관철시키기 위하거나 아이에게 잔소리를 할 필요가 있다고 생각할 때 아이에게 말을 건넵니다. 하지만 아이를 존중하는 대화는 이런 사소한 이야기를 아이와 편안하게 하면서 시작됩니다. 이런 대화를 통해 아이는 자신이 부모와 동등한 대화의 상대로 존중받았다고 생각하면서 마음의 문을 넓히게 됩니다.

다섯째, 아이의 잘못은 짧고 단호하게 말해주세요

아이가 항상 예쁘고 사랑스러울 수는 없습니다. 혼내야 할 상황은 발생하기 마련입니다. 그럴 때는 최대한 짧게 말해야 합니다. 아이도 자신의 잘못은 잘 알고 있습니다. 잘못한 점은 단호하게 지적하되, 되도록 짧게 말해주세요. 길게 이야기할수록 감정이 개입되어 부모와 아이 모두, 감정이 상하는 일이 발생합니다. 반면 아이의 장점을 이야기할 때는 길게 말해도 좋습니다. 단점은 짧게 장점은 길게 말하는 것이 아이를 존중하는 대화의 핵심입니다.

여섯째, 아이에게 질문을 할 때는 '왜'가 아니라 '어떻게'라고 물어주세요

부모들은 흔히 궁금하고 급한 마음에 "왜?"라는 질문을 많이 하지만 '왜'는 아이에게 잘잘못을 따져 묻는 느낌을 줍니다. 부모에게는 관심의 표현이지만 아이에게는 '왜'가 큰 심적 부담으로 다가옵니다. 그에 반해 '어떻게'는 아이가 상황을 편안하게 받아들이고 말하도록 만듭니다. 또한 부모가 '비난'을 목적으로 질문하는 것이 아니라, '나에 대한 관심'으로 질문을 한다는 것을 이해하게 합니다.

일곱째, 아이의 의견을 물어봐줍니다

사춘기 아이들은 자신이 다 컸다고 생각해서 존중받고 싶어 합니다. 아이는 자신이 존중받고 있다고 생각할수록 마음의 문을 엽니다. 거창하게 자리를 만들어 의견을 묻는 것이 아니라, 일상 속의 사소한 대화에서도 최대한 아이의 의견을 묻고 경청하는 것이 필요합니다. 아이를 존중하는 대화란 지금 내 앞에 서 있는, 이 아이가 또 다른 나라고 생각하면 이해가 쉬워집니다.

· PART 2 ·

평생 저력,
긍정적인 학습 동기

긍정적인 학습 동기를 키우기 위해

실패하더라도, 당장 성적이 부진하더라도, 포기하지 않고 잘할 수 있을 거라는 스스로에 대한 믿음과 긍정적인 동기를 아이에게 갖게 하려면 어떻게 해야 하는 걸까요?

하지만 제 경험에 비추어보면 아동기의 아이들은 그런 동기를 완벽하게 갖출 수 있는 나이가 아닙니다. TV에 나오는 학습지 광고 속 아이처럼 밝고 순수한 얼굴로 "저도 할 수 있어요!"라고 자신 있게 말하는 아이는 현실에 없습니다. 간혹 비슷한 모습을 하고 있는 아이가 있기는 하지만 대부분 아직 발달이 더딘 저학년에서나 볼 수 있는 모습입니다. 긍정적인 학습 동기는 중·고등학생인

청소년기가 되어야만 완성될 수 있습니다.

긍정적인 학습 동기는 자기주도적 학습과도 연관성이 깊습니다. 자기 의지로 움직이는 주체적인 공부가 자기주도적 학습으로 이어지기 때문입니다. 목표의식이 뚜렷하고 자기 동기가 명확할 때 뛰어난 학습 효과를 볼 수 있기 때문에 어떤 목표의식을 갖고 학습을 수행해나가는가가 중요합니다. '자기주도'의 의미에서도 볼 수 있듯, 아이가 자기 스스로 움직여 하는 공부이기에 이때 부모가 해줄 수 있는 역할은 무엇인지 궁금하실 수 있습니다. 믿음의 시선으로 아이가 스스로 하기를 마냥 기다려야 할 것인지 부모는 답답한 마음이 듭니다.

초등 고학년 시기부터는 부모가 시키는 대로 아이가 공부하지 않습니다. 주도권은 아이에게로 넘어간 상태입니다. 이때 부모는 아이의 성향을 잘 파악해 아이가 적절하게 감정을 조절할 수 있도록 도와주어야 합니다. 감정의 에너지가 공부할 수 있는 추진력을 만들어주기 때문에 감정의 강약 조절이 필요한 때입니다.

지금부터는 긍정적인 학습 동기를 위해 나아가는 아이들의 모습과, 학습과 연결된 사교육의 활용 방법을 살펴보겠습니다.

무조건 긍정하기가 아닌, 현실적으로 긍정하기

현명한 부모는 당장 아이에게 공부를 잘하는 법을 알려주기보다는 긍정적인 동기를 갖게 해주어 스스로의 힘으로 앞으로 나아갈 수 있기를 바랍니다. 훌륭한 위인들의 어릴 적 삶을 담은 책이나 영화를 보여주기도 하고 "넌 할 수 있다"는 말을 많이 해주려고 합니다. 하지만 현실에서 아이를 키워본 부모라면 이 말이 생각보다 효과가 없다는 것을 쉽게 경험합니다. 고학년쯤 되면 아이들도 이 말이 가진 현실적인 한계를 이해하기 시작합니다. 사실 세상에는 열심히 노력한다고 해도 안 되는 일들이 있기 마련입니다. 더 나아가 어떤 아이들은 어른들의 이런 말을 비웃기라도 하듯이 반응하기도 합니다.

은우는 머리는 영특하지만 도통 공부를 잘 하지 않으려고 하는 아이였습니다. 안 하는 것까지는 좋은데 수업 시간이면 좋은 머리를 활용하여 주변 아이들에게 교묘하게 장난을 걸며 수업을 방해하곤 했습니다. 아이들도 은우의 장난이 재미있고 장난의 수준이 높다 보니 처음엔 싫어하다가도 자기도 모르게 넘어가기 일쑤였습니다. 교사인 제 입장에서도 좋은 머리를 가졌지만 그 능력을 활용하지 못하는 은우가 안타까울 때가 많았습니다. 그래서 아이에게 좀 더 긍정적인 동기를 부여하려고 노력해보았습니다.

"은우야, 선생님이 보기엔 넌 정말 마음만 먹으면 무엇이든 할 수 있을 것 같아."

그런데 그때마다 아이는 저를 비웃기라도 하듯 대답합니다.

"당연하죠. 저도 알아요."

아주 가볍고 성의 없는 대답입니다. 기껏 정성을 보인 제 마음까지 슬쩍 뒤집어 놓습니다. 아마도 은우는 지금까지 어른들의 심리를 잘 활용해온 듯싶었습니다. 아이를 순수하게 바라보고 긍정적으로 이끌어보고자 하는 어른들의 이면에 있는 심리를 아이는 파악하고 있었던 것이죠. 사실 아이 말이 맞았습니다. 어쩌면 저부터도 은우가 진짜 뭐든 잘하리라고 믿지 않고 있었는지도 모릅니다. 그래서 저는 아이에게 좀 더 솔직해지기로 했습니다.

"은우야, 궁금해서 그러는데 너의 잘하는 모습은 언제 볼 수 있는 거야? 넌 마음만 먹으면 1등도 할 수 있잖아."

1등이란 말에 이번엔 아이가 역공을 펼칩니다.

"제가 전교 1등을요? 에이, 못해요. 전에 담임 선생님도 저 보고 공부 못할 거라고 했는데."

아까는 뭐든 다 할 수 있다고 하더니 이번엔 또 못한다고 합니다. 거기다 슬쩍 자신이 그동안 당했던 일에 대한 분노까지 얹어 놓습니다. 말은 아무렇지 않게 하고 있었지만 아이는 넌 못할 거라는 어른들의 말에 내심 상처를 받았던 겁니다. 그러면서 혼자 "할 수 있다"는 말의 이치를 깨달은 듯합니다. "넌 뭐든 할 수 있다"는 말은 "뭐든 할 수 없다"는 말로도 쉽게 바뀔 수 있음을 말입니다. 사실 "넌 무엇이든 할 수 있어"라는 말 속에는 함정이 하나 숨어 있습니다. 지금 현재 너의 기질, 특징, 장점 등과 전혀 상관없이 무엇이든 할 수 있을 것이란 말은 역으로 뒤집어보면 아무것도 할 수 없다는 말과 일맥상통합니다. 똑똑한 아이들은 이 함정을 잘 파악합니다. 그래서 이번엔 제가 아이의 논리를 뒤집어보기로 합니다.

"뭐? 전교 1등? 선생님은 그렇게 말한 적 없는데?"

"……."

전교 1등을 못할 것이란 저의 말에 잠시 정적이 흐릅니다.

"전교 1등이 아니라, 지금부터 최선을 다해 한 과목이라도 집중해서 하면, 그 과목에서는 1등을 할 수도 있을 거란 말이지. 음, 은우는 기초가 많이 부족하니까 수학은 좀 힘들 것 같고. 이번에 진단평가 결과 보니까 국어라면 가능할 것 같아. 너는 말을 논리적으로 잘하니까 국어에 대한 이해력은 훌륭한 편이거든."

예상치 못한 저의 말에 아이는 미처 대답을 하지 못합니다. 하지만 그 후 작은 변화가 생겼습니다. 국어 시험 시간만큼은 아이가 집중해서 최선을 다하는 모습을 보인 것입니다. 그러더니 급기야 성적이 80점까지 올랐습니다.

"이야, 은우 대단하네. 이번에 공부 좀 했구나."

"공부는 안 했어요. 그냥 본 건데……."

"그냥 본 건데 이 정도이니 공부 좀 하고 노력하면 금방 1등 하겠네. 적어도 국어는 말이야."

제가 힘을 실어 뒤에 붙인 '국어는'이라는 말에도 아이는 싫지 않은 모습입니다. 왜냐면 그 말이야말로 진짜 더 현실에 가까운 말이기 때문이죠. 무엇이든 할 수 있을 것이란 말보다 아이에게 더 긍정적으로 피부에 와닿는 말이었을 겁니다. 막연하게 하는 칭찬보다 오히려 현실적인 칭찬들이 아이의 공부 동기 부여에는 훨씬 더 힘 있게 작용할 수 있음을 느낀 순간이었습니다.

아이가 어느 정도 크면 자신이 어느 정도의 수준인지는 다 알고 있습니다. 과장되고 의미 없는 칭찬과 격려보다는 아이의 특성을 파악하고 현실적으로 접근하여 아이를 격려하는 것이 무엇보다 필요한 이유입니다.

아이의 감정을
있는 그대로 바라보기

아이를 잘 키우기 위해 노력하는 현명한 부모는 아이가 학교에서 조금 뒤처져도 크게 조바심을 내지 않으려고 노력합니다. 발명왕 에디슨도 학교 생활에는 적응하지 못했지만 나중에 훌륭한 업적을 많이 냈으니까요. 학교가 재미없다고 말하면서 가기 싫다고 하는 아이에게 부모는 끊임없이 "넌 할 수 있다"는 긍정적인 동기를 부여해줍니다. 또 아이도 그런 자신을 괜찮게 생각했으면 하는 마음에 에디슨 위인전도 소개해줍니다. 그런데 에디슨 위인전을 읽은 아이는 "에디슨은 어렸을 때 학교도 안 다니고 성공했잖아요. 저도 학교 하루쯤 빠져도 괜찮을 거예요" 하며 너스레를 떱니다. 그러더니 어느 날은 급기야 학교를 그만두고 싶다는 말까지 합니다. 이게 아닌데, 점점 부모의 의도와는 반대로 되어가는 느낌입니다. "넌 할 수 있다"는 긍정적인 동기를 자주 부여해주는데도 아이는 의기소침하고 생각까지 부정적인 것 같습니다. 도대체 무엇이 잘못된 걸까요?

사실 잘못된 것은 하나도 없습니다. 오히려 그 반대입니다. 아이는 아주 건강하게 성장하고 있는 중입니다. 아이도 어렸을 때는 뭐든지 잘할 수 있다는 부모 말이 진짜인 줄 알았습니다. 그런데 점점 커가면서 노력해도 안 되는 것이 있다는 사실을 어렴풋이 깨달은 것이죠. 그런 현실에서 느낀 벽을 어떻게 이겨나가야 하는지를 부모에게 물어보고 싶은데, 또 한편으로는 말해봤자,라는 생각도 듭니다. 엄마는 분명 나의 답답한 감정을 보지 못하고 "왜 벌써부터 그런 생각을 하냐? 너도 충분히 할 수 있다"라고 말할 게 뻔하기 때문입니다. 답답한 마음들이 쌓여 슬슬 화가 나기 시작합니다. 그래서 일부러 학교 안 가겠다는 삐뚤어진 말들을 부모에게 내뱉어보기도 하고, 혼자서 끙끙 앓느라 의기소침해지기도 하는 것입니다. 그럼 다시 상황 속으로 들어가보겠습니다. 어느 날 우리 아이가 학교에 가기 싫다고 말한다면 어떻게 해야 될까요?

"엄마, 나 학교 가기 싫어요."

"왜?"

"친구들이 날 싫어해."

첫 번째 부모는 아이의 입장을 이해하고 괜찮다고 말합니다.

"괜찮아. 친구가 없으면 혼자 놀지 뭐. 그러다 보면 친구도 생길 거야. 아이들이 아직 우리 딸의 진가를 몰라봐서 그래."

사실 아이가 학교에서 친구가 없다는 말은 감당하기 무거운 이야기입니다. 생각하기에 따라서는 부모의 마음이 덜컥 무너지는 말입니다. 하지만 부모까지 마음이 무너지는 모습을 보이면 안 될 것 같아서 애써 태연하게 이야기한 것입니다. 하지만 가만히 들여다보면 이런 말을 하는 부모 마음속에는 현실을 회피하고 싶은 마음이 담겨 있기도 합니다. 학교 일이라 부모가 당장 어떻게 도와줄 수도 없는데 그렇다고 괴로워하는 아이를 그냥 보고 있는 심정은 더 애가 탑니다. 그러니 "괜찮다" "좋아질 거다"라는 말로 위안을 삼을 수밖에요. 어쩌면 아이도 부모의 회피하는 마음을 알기에 더 반발을 하고 있는 건지도 모릅니다. 차라리 이럴 땐 현실을 직시하는 것도 한 가지 방법입니다.

두 번째 부모는 아이의 말에 이렇게 반응합니다.

"뭐? 누가 우리 딸을 싫어해? 그리고 싫어하면 혼자 속으로 생각할 것이지, 그걸 막 표현한단 말이야? 매너도 없다. 도대체 그 친구 누구야?"

학교 가기 싫다거나 친구들이 나를 싫어한다는 아이의 말 속에는 여러 가지 의미가 담겨 있을 수 있습니다. 진짜 친구들이 우리 아이를 싫어하는 경우일 수도 있고, 사실은 한두 명의 친구와 사소한 말다툼 끝에 그런 말이 오고갔을 수도 있습니다. 그러니 아이의 말을 듣고 곧이곧대로 상황을 받아들이기보다는 일단, 사실은 알 수 없으나 지금 아이의 감정이 그렇다는 정도로 받아들이는 것이 좋습니다. 상황을 잠시 미루어두면 아이의 감정을 들여다볼 수 있는 마음의 여유도 생깁니다. 어찌되었건 친구들이 자기를 싫어한다고 생각한다면 아이의 감정은 속상할 수밖에 없습니다.

부모는 먼저 이런 아이의 감정을 피하지 말고 직면해주는 것이 좋습니다. 두 번째 부모의 말 속에는 바로 이 점이 들어가 있습니다. 속상한 아이의 감정을 부모가 대신하여 표현해주고 있는 것입니다. 우리 아이는 사랑받는 존재이므로 누가 싫다고 말하는 것 자체가 이해가 되지 않습니다. 그러니 당연히 화가 납니다. 아이가 부모에게 속상한 감정을 내놓았으니 부모도 아이에게 이 일을 어떤 감정으로 직면해야 하는지 보여주고 있는 것입니다. 아이는 이런 부모의 반응을 통해 현실을 직시하고 헤쳐 나갈 수 있는 힘을 얻게 됩니다. 물론 대화를 나눈 당장에는 아이의 태도가 달라지지 않겠지만 점점 시간이 지나면서 이런 부정적인 말과 감정을 내비치는 횟수가 줄게 되는 것입니다. 아이는 자신이 겪은 상황은 직면하여 받아들일 수 있게 되었고, 속상한 감정은 이해받았기 때문입니다. 부모가 같은 상황을 어떻게 받아들이냐에 따라서 아이도 세상을 대하는 법을 다르게 배웁니다.

논리보다는
감정으로 접근하자

수민이 엄마는 아이 때문에 걱정입니다. 수민이는 저학년 때까지 공부도 그럭저럭 잘하고 나름 모범생이라는 칭찬도 선생님들께 자주 들었습니다. 그런데 고학년이 되어 부쩍 "난 못해. 어차피 망할 거야"라는 말을 자주 하는 겁니다. 그렇다고 해서 실제 아이의 성적이 떨어진 것은 아닙니다. 아주 잘하는 것은 아니지만 그래도 중상위권 수준의 성적을 유지하고 있습니다. 문제는 시험을 치거나 어떤 일을 하기 전에 늘 아이가 이런 말부터 한다는 것이죠. 이러다가 진짜 아이 말대로 공부를 못하게 될까 봐 걱정도 되고, 무엇보다 왜 이렇게 아이의 학습 동기가 떨어졌는지도 걱정입니다. 결과가 좀 못 나오더라도 잘할 수 있다는 마음을 가지고 있어야 다음에라도 나아질 수 있을 텐데, 어차피 못할 것이란 생각으로 임하는 것은 아닌 것 같습니다. 앞으로 해야 할 일들이 얼마나 많은데 벌써부터 이런 부정적인 생각들만 하는 걸까요?

누가 뭐라고 한 것도 아닌데도 아이가 먼저 "난 못해, 안 될 거야"라고 말하는 경우라면, 사실 속으로는 잘하고 싶은 마음이 큰 경우일 수 있습니다. 정말 잘하고 싶은데 가만 보니 그러기 위해서는 넘어야 할 산이 만만치 않습니다. 살짝 자신도 없습니다. 당연한 일이죠. 배워가는 시기의 아이들에게는 늘 모든 것이 넘어야 할 산이니까요. 그런 불안하고 걱정되는 마음을 아이는 "안 될 거야"라는 말로 표현하는 겁니다. 안 될 거라고 생각하면 차라리 마음이 편해지기 때문이죠. 나름의 안전장치인 셈입니다. 아이도 살짝 마음 편하자고 내뱉은 말이지 진짜 포기가 되는 것은 아닙니다. 그건 아이에게 "못해도 괜찮아. 그냥 최선을 다하는 것이 중요하지"라고 말해준다고 한들 별로 효과가 없는 것을 보면 알 수 있습니다.

사실 진짜 망할 거라고 생각하고 결과에 자신이 없는 아이들은 이런 말 자체를 하지 않습니다. 오히려 담담한 모습입니다. 시험에서 꼴찌를 하는 아이보다 한두 문제 틀린 아이들이 더 울고불고 속상해하는 것도 마찬가지 심리입니다.

이제 아이의 마음을 알았으니 아이의 이 말 또한 다른 뜻으로 번역이 가능해집니다. "난 못해, 안 될 거야"라는 말에는 '잘 못할까 봐 겁나요' '힘들텐데 어떡하죠?' '열심히 해도 결과가 안 좋으면 너무 속상하잖아요'라는 속마음이 담겨 있는 것입니다.

그럼 이런 아이에게 어떻게 해주면 좋을까요? 수민이의 예를 통해 살펴보겠습니다. 시험 전부터 잘 못할 것 같다고 불안해하던 아이에게 급기야 얼마 전에는 일이 터지고 말았습니다. 시험을 본 날, 아이는 집에 들어오자마자 자기 방으로 들어가더니 책상에 엎드려서 엉엉 울음을 터뜨립니다. 덩달아 엄마의 가슴도 무너졌습니다. 조심스럽게 다가가 아이를 위로해봅니다. 대답 없이 목 놓아 울던 아이는 한참 후에 말을 합니다.

"다 망쳤어. 완전 망했단 말이야."

엄마도 눈앞이 캄캄해집니다. 하지만 애써 아이를 위로합니다.

"괜찮아. 다음에 잘 보면 돼."

엄마의 위로에도 좀처럼 기분이 나아지지 않던 아이는 저녁 때쯤 되어서야 오늘 본 시험에 대해 주절주절 늘어놓기 시작합니다. 분명 책에서 봤는데 기억이 나지 않았던 문제, 답을 쓰긴 했는데 하나 빠트려서 감점이 될 것 같은 문제, 실수로 틀린 문제 등등을 들어보니 속상한 일투성이입니다.

여기서 아이의 행동에 대해 두 가지를 생각해볼 수 있습니다. 첫째는 아이의 감정 변화입니다. 집에 돌아오자마자 울기 시작한 아이의 속상한 감정은 저녁이 되어서야 풀렸습니다. 그동안 엄마는 시험을 잘 못 봤다고 혼내지도 않고 아이의 감정에 대해서만 철저하게 말해주고 다독여줬습니다. 그렇게 부모가 노력을 했을 때 아이의 감정이 풀린 시간이 저녁 때라는 것이죠. 여기서 부모가 한 마디라도 아이의 행동에 대해 나무라게 되면 감정이 풀리는 시간은 다음 날로 넘어가게 됩니다.

둘째는 아이가 감정이 풀리고 나서 늘어놓는 말의 내용입니다. 맛있는 간식을 사 달라든가 좋아하는 게임을 하거나 TV를 보는 것이 아니라 여전히 아이는 시험 속 상황에 머물러 있습니다. 감정이 풀리니 이제야 자신이 놓친 것들이 하나씩 보이기 시작한 것이죠. 여기에 두 번째 함정이 도사리고 있습니다. 아이가 실수한 말을 들으면 부모 역시 안타까운 마음에 자꾸만 가르치고 싶어집니다.

“그러기에 책을 볼 때 꼼꼼하게 봤어야지. 자꾸 까먹는 것은 노트에 따로 적어 두라고 했잖아.”

나도 모르게 이런 말이 나오게 됩니다. 그러나 이런 말을 내뱉는 순간 아이는 다시 마음이 상합니다.

“나도 다 안다고! 내가 그걸 몰라서 그랬겠어? 제일 속상한 것은 난데 왜 엄마까지 난리야?”

사실 따지고 보면 이런 말을 할 필요도 없습니다. 시험이 끝났으니 놀고 싶은 마음이 들 만도 할 텐데 아이는 아직도 시험 보는 상황 속에 있으니까요. 이것만 봐도 지난 실수를 뒤돌아보고 그 점을 분석하고 있으니 칭찬해줄 만한 일이죠. 거기에다 실수까지 들춰낼 필요는 없습니다.

아이가 하는 말들의 대부분은 그 내용보다는 감정으로 접근해야 풀리는 문제들이 많습니다. 지금 아이가 늘어놓는 말들은 모두 시험에 대한 것들이지만 사실 엄마에게 바라는 것은 속상한 마음을 위로해 달라는 메시지가 가득 담겨 있습니다. 위로를 바라는 상대에게 문제 해결을 해주려는 것은 적절한 소통이 아닌 것이죠. 아이와의 소통에 어려움을 겪는 대부분의 경우는 이렇게 '말하는 내용'과 '원하는 감정'이 달라서 오는 불협화음일 때가 가장 많습니다.

아이에게 학습 동기 부여를 해주기 위한 방법으로 긍정적인 말만으로는 어려움이 있습니다. 그렇다면 현실적으로 긍정적인 동기를 부여하기 위해서는 어떻게 해야 할까요? 일단 아이가 무엇을 잘하는지 파악하는 것이 우선입니다. 그 잘하는 점을 이용하여 학습 동기를 만들어나가야 진짜 내 아이만의 맞춤이 될 수 있습니다. 그런데 아이가 잘하는 것을 찾는다는 것이 말처럼 쉽지는 않습니다. 아이의 진짜 성향을 파악하려면 나름대로 아이가 긴박한 상황에 놓여 있을 때를 살펴봐야 합니다. 극한 상황에서는 아이도 살아남기 위해 자신의 재능을 쥐어 짜내기 때문입니다.

아이의 성향을 파악하기 좋은 때 중 하나가 낯선 장소에 갔을 때입니다. 이것은 아주 어린 아기 때부터도 파악이 가능합니다. 아이를 안고 식당 등 낯선 장소에 가거나 낯선 사람을 만났을 때 아이의 모습이 어땠는지 살펴보세요. 대부분은 살짝 긴장하지만 곧 그 장소에 적응하고 엄마 품을 벗어나 호기심 어린 눈으로 아장아장 걷는 아이가 있습니다. 그런가 하면 그 긴장이 너무 힘들어서 식당에서 밥을 먹는 내내 엄마 품을 떠나지 않고 징징거리며 매달려 있는 아이도 있습니다. 전자는 에너지가 넘치고 활동적인 성향이 강한 아이일 확률이 높습니다. 후자는 예민하고 섬세한 성격을 지녔을 확률이 높습니다. 두 아이 모두 이런 기질을 잘 살린다면 잘할 수 있는 강점 분야를 찾을 수 있습니다.

전자의 아이에게는 "낯선 곳에도 잘 적응하고 호기심도 많고 언제나 용기가 넘치는구나"라고 말해줄 수 있습니다. 후자의 아이에게는 "꼼꼼하고 뭐든지 잘 살펴보는 특징을 지녔구나. 조금 긴장을 많이 하긴 하지만 그게 다 주변의 상황에 대해 모두 인지하고 살펴보느라 그런 것이란 걸 알아. 그러니 당연히 겁이 날 수도 있지. 괜찮아. 시간이 좀 걸리겠지만 대신 적응만 하고 나면 남들보다 더 잘할 수 있을 거야. 긴장을 했다는 건 그만큼 많이 살펴보고 꼼꼼하게 느꼈단 뜻이니"라고 말해준다면 아이도 스스로의 부정적인 감정들에 대해 조절할 수 있는 힘을 가질 수 있게 됩니다.

아이의 성향을 파악하기 좋은 또 다른 상황은 아이가 누군가에게 혼이 날 때입니다. 아이 입장에서 부모에게 혼이 날 때처럼 긴박하고 기지를 발휘해야 하는 상황도 없습니다. 이런 상황에서도 아이는 각자의 기질과 능력에 따라 전혀 다른 반응들을 나타냅니다.

학습 동기가
외부 요인으로 영향받을 때

사실 학습은 다른 친구들과 비교를 안 할래야 안 할 수 없는 영역입니다. 물론 다른 사람 신경 쓰지 않고 혼자 최선을 다하는 것이 중요하긴 하지만 아직 미숙한 우리 아이들에게는 그게 현실적으로 쉽지 않습니다.

아이들의 실제 모습을 들여다보면 아이들이 학습 동기에 가장 큰 영향을 받을 때가 바로 공부 안 한 친구가 점수를 잘 받았을 때입니다. 타고난 머리가 좋은 것이든 운이 좋은 것이든 그런 경우를 옆에서 보면 공부할 맛이 안 날 수밖에 없습니다. 열심히 노력해서 뭐 하나 싶은 마음도 듭니다.

아이들은 학습 부분에서 주변 친구를 통해 자극받거나 위축되는 경우가 상당히 많습니다. 나름대로 열심히 노력하며 공부하던 아이가 어느 날 속상한 마음을 털어놓습니다. 평소 아이에게 열심히 노력하는 것이 중요하다, 최선을 다하는 사람이 성공하는 법이라고 가르친 부모 입장에서도 마음이 복잡해질 수밖에 없는 말입니다. 도대체 이럴 땐 아이에게 뭐라고 답해줘야 할까요? 보통 부모가 가지고 있는 가치관에 따라 대처하는 방법은 세 가지 유형으로 나뉩니다.

첫 번째 유형으로는 '남한테 신경 쓰지 마'가 있습니다.

"타고난 머리가 좋은 아이도 있어. 다른 친구 신경 쓰지 말고 그냥 네게만 집중하면 돼. 결과보단 최선을 다하는 과정이 중요한 법이니까."

남이 어떻든 상관없이 자신의 일에만 최선을 다하는 아이로 키우고 싶은 부모의 마음과 가치관이 담겨 있는 말입니다. 그리고 결과보다 과정에 중점을 둔 것도 건강한 가치관입니다. 말의 내용으로만 보면 전혀 틀린 것이 없고 매우 교육적인 답변으로 보이지만, 여기에 한 가지 빠진 것이 있습니다. 바로 아이의 감정입니다. 맨날 놀기만 하는데 공부를 잘하는 친구를 보면 아이 마음은 어떨까요? 당연히 속상하고 얄밉고 질투도 나며 그런 감정들은 열심히 공부하려는 다짐까지 흩트려 놓습니다. 아이는 그런 복잡한 감정을 말하고 있는데 부모는 교과서적인 답변만 하니까 맞는 말인 줄은 알지만 수긍이 가거나 고개를 끄떡이며 알겠다는 대답은 쉽게 나오지 않습니다. 괜히 뾰로통한 표정을 지으며 억지스런 주장을 펼치기도 합니다.

"그럼 나도 머리 좋게 낳아주지 그랬어?"

"나도 맨날 수업 시간에 자고 놀아볼까? 혹시 알아? 성적이 더 올라갈지?"

말도 안 되는 아이의 말에 결국 잔소리만 길어지다 상황이 끝나기도 합니다. 결국 아이는 복잡한 감정을 스스로 해결할 수밖에 없게 됩니다.

두 번째 유형으로는 '심리전에 말리지 마'가 있습니다.

"그거 심리전일 수 있어. 보이는 데서는 노는 척하지만 안 보이는 곳에서는 두 배 세 배 더 열심히 할 거야. 심리전에 말리지 말고 너는 네 할 일만 열심히 하면 돼."

부모의 이런 말속에는 열심히 최선을 다하는 것이 가장 중요하다는 가치관이 담겨 있습니다. 열심히 하지 않았는데 성적이 잘 나올 리가 없는 것이죠. 물론 이렇게 생각하면 조금 마음이 편하긴 합니다. 어쨌든 열심히만 하면 나도 친구보다 잘할 수 있는 거니까 불필요한 감정 소모 없이 다시 공부에 집중할 수도 있을 겁니다.

하지만 이런 방식의 교육은 세상의 중요한 부분에 눈을 감게 만드는 부작용이 있습니다. 학습의 결과는 반드시 노력에 비례하지는 않습니다. 물론 어느 정도의 노력은 중요하지만 상위 20퍼센트의 결과는 노력보다는 개인이 가지고 있는 재능, 타고난 기질, 환경과 운에 의해 더 많이 좌우됩니다. 어릴 때부터 말이 빠른 아이는 언어 영역에서 더 강하고, 수와 공간 능력을 타고난 아이는 수리 영역에 더 강할 수밖에 없습니다. 또 시험 보는 날, 몸의 컨디션과 적당한 행운도 성적에 영향을 미칩니다. 이런 변수들을 모두 받아들이고 직면할 수 있어야 주변 환경에도 흔들리지 않는 내적으로 튼튼한 학습 동기를 가질 수 있습니다.

세 번째 유형은 '그래? 엄마가 알아볼게'입니다.

"엄마가 한번 알아볼게. 재민이라고 했지? 어디 좋은 과외라도 받고 있는 건가? 학원을 특별한 곳에 다니나? 엄마가 그 친구는 뭐로 공부하는지 알아볼게."

실컷 자고 노는 데 공부를 잘할 리는 없습니다. 분명히 그 아이만의 비법이 특별히 있을 테니 내 아이를 위해 정보를 알아내는 것이 엄마가 할 수 있는 최선의 내조일 수 있습니다.

어쩌면 재민이는 정말 특별한 과외를 받고 있어서 공부를 잘하는 것일 수도 있습니다. 중요한 것은 그렇다고 해서 내 아이에게 남들이 받는 특별한 과외를 다 알아내서 받게 해줄 것인가는 생각해볼 문제입니다. 물론 어떤 사람들은 그렇게 해주는 것이 아이를 위해 최선을 다하는 일이라고 생각합니다. 그렇게 하면 아이가 성공할 확률도 훨씬 높습니다. 하지만 그 과정에서 잃게 되는 것도 분명 존재합니다. 바로 상황이 어려워졌을 때 문제를 직면하고 해결하는 방식에 대한 것입니다.

놀기만 했는데 공부를 잘한 친구에 대한 감정이 '그 친구가 받는 좋은 과외를 나는 받지 못해서'가 되어버린다면, 이와 비슷한 다른 상황에서도 아이는 그렇게 문제를 받아들이고 모든 것을 남 탓, 세상 탓으로 돌리는데 급급할지도 모릅니다. 나는 저 친구처럼 좋은 학원을 다니지 못해서, 나는 저 친구처럼 돈 많은 부모가 없어서 등등 이렇게 남 탓만 해서는 세상을 건강하게 살아가는 아이로 키울 수 없습니다. 그렇다면 이때 부모는 아이에게 어떤 말을 해줘야 할까요?

진정한 학습 동기는
자신의 감정을 살피는 힘에서부터

무엇보다 진정한 학습 동기를 찾아주기 위해서는 먼저 자신의 감정부터 살필 줄 아는 힘을 길러줘야 합니다. 놀기만 하는데도 공부를 잘하는 친구에게 아이가 느끼는 부러운 감정, 얄미운 감정도 수용해주어야 하는 것입니다. 부정적인 감정은 무시하거나 외면하기보다는 거기에 충분히 머물러 있을 때 해결되는 경우가 많습니다. 놀기만 하는데 공부를 잘하는 친구에 대한 이야기를 아이가 한다면 이제는 조금 더 솔직하게 아이의 감정을 대변해줍니다.

"그런 친구가 있어? 이야~ 걘 뭐냐? 진짜 부럽다."

"뭐야, 공부 안 하고도 점수가 좋단 말이야? 좀 재수 없네."

부모가 이렇게 말했을 때 아이의 반응을 보면 내 아이를 한 번 더 파악할 수도 있습니다. 감정이 상해 엄마에게 털어놓긴 했지만 엄마가 너무 친구 흉을 보면 이내 마음이 약해져서 친구 편을 들어주는 아이도 있습니다.

"그래도 그 친구 마음은 착해."

감정이 좀 강한 아이들은 한술 더 뜨기도 합니다.

"맞아, 걔 진짜 재수 없어."

전자의 경우가 착하고 건강해 보이지만, 사실 공부는 후자의 아이들이 더 잘하기는 합니다. 공부를 열심히 밀어붙이는 힘도 감정에서 나오기 때문입니다.

'그래? 타고난 머리가 좋아서 공부를 잘하는 사람도 있다 이거지? 좋아, 그렇다면 난 내 노력으로 그 부분을 따라잡아보겠어. 공부는 좋은 머리로 되는 영역도 있지만, 성실함도 필요한 거니까, 나는 후자를 공략해서 성공할 거야'라고 생각한다면, 그 친구에 대한 질투와 분노의 감정을 더 긍정적인 방향으로 바꾸어 쓸 수 있게 되는 것입니다. 하지만 아직 어린 아이들은 스스로 이런 생각까지 하기는 힘듭니다. 그럴 땐 조금 다른 방법으로 아이의 감정을 해소해줄 수 있습니다.

"뭐야? 그러니까 엄마 말은 타고나길 머리가 좋은 아이들도 있다는 거야? 그러니까 신경 쓰지 말고 나에게 집중하라고? 그게 뭐 쉬운 일인 줄 알아? 알지만 나도 잘 안 된다고!"

이런 말을 하는 아이의 투정을 일단 받아줍니다. 그리고 이렇게 말합니다.

"엄마가 미안해."

뜬금없는 말에 아이가 바라봅니다. 아이가 어리둥절해하면 또 이렇게 말하는 거죠.

"엄마가 우리 수진이가 아이큐 200은 되도록 태어나게 해줬어야 되는데 말이야."

그 말을 들은 아이가 황당한 듯 웃습니다. 속상한 감정을 충분히 표출한 후 아이도 충분히 웃으면서 상황을 받아들일 수 있는 힘을 만들어주어야 합니다. 사춘기 아이들을 대하려면 적당한 유머 감각도 필요합니다. 쉽지 않은 감정에 대한 이야기였지만 충분히 그 감정을 풀어내고 해소한 후, 웃는 감정으로 마무리한다면 아이는 다시 앞으로 나아갈 수 있는 힘을 얻게 됩니다.

사교육과 선행학습의 영향

학습에 대한 이야기를 할 때 사교육과 선행학습에 대한 이야기를 빼놓을 수 없습니다. 어쩌면 현실을 살아가는 아이들에게 가장 중요한 문제이기도 하고, 학습 동기의 가장 많은 부분을 차지하는 주제이기도 합니다. 처음부터 아이에게 사교육을 시켜야지 하고 결심하는 부모는 없습니다. 하지만 아이를 키워보면 남들에게 뒤처질까 하는 불안감에, 자식에게 좋은 것을 못해주는 부모가 될까 봐, 조금이라도 학교에 가서 자신감을 가졌으면 하는 안쓰러운 마음에 사교육을 하나둘씩 시작하게 됩니다.

학교에서 배울 내용들을 학원을 통해 미리 배워가면 아무래도 수업 시간에 좀 더 집중할 수 있고 선생님이 질문을 했을 때도 쉽게 대답할 수 있으니 학습에 대한 자신감이 생길 수 있지 않을까 생각합니다. 실제 교실에서 보면 학원에서 먼저 배워온 아이들이 학습의 주도권을 잡는 것은 사실입니다. 하지만 그 아이들이 갖게 되는 것이 진짜 학습에 대한 자신감일까? 하는 부분에서는 의문이 듭니다. 그리고 그 힘이 언제까지 지속될까 하는 의구심도 듭니다.

어렸을 때부터 수 개념을 어려워하던 아이가 있었습니다. 말은 빨리 배우고 한글도 쉽게 깨쳤지만 유독 수 개념 부분에서는 남들보다 뒤처졌습니다. 엄마는 아이의 부족한 부분을 채워주기 위해 수학 학습지를 시작했습니다. 반복되는 연산 문제들을 풀고 방문 교사가 주기적으로 집으로 찾아와 학습을 살펴봐줍니다. 초등학교에 입학한 후부터는 수학 학원을 꾸준히 보냈습니다. 학원에서는 학교 진도보다 6개월 정도 빠르게 선행을 해주기 때문에 다행히 학교 공부를 따라가는 데는 큰 문제가 없었습니다. 시간이 지나면서 아이도 점차 수학에 자신감을 갖게 되었습니다. 학원에서 미리 시험에 대비한 문제들을 풀어주고 학교 시험을 준비해주니 이제는 웬만한 과목보다 수학을 더 잘하게 되었기 때문입니다. 나름 수학에 소질이 있는 아이로 여겨지기도 했습니다. 초등학교 고학년이 되었을 때는 학원에서 새로운 제안을 했습니다. 수학 영재반에 들어가서 수학 경시대회를 준비하자고 권했습니다. 아이 정도의 실력이면 충분히 할 수 있고, 영재반이나 경시대회 경력은 대학 입시에서도 유리하게 작용한다고 했습니다. 바로 이 시점의 선택에 따라 아이의 인생은 두 갈래로 갈라집니다.

보람이 부모님은 아이의 실력을 꾸준히 향상시켜주는 것이 중요하다는 판단 아래 아이를 영재반에 넣고 수학 경시대회도 준비시켰습니다. 보람이도 영재반에 들어간 것을 매우 뿌듯하게 생각했습니다. 실력이 되지 않으면 아무나 들어갈 수 없는 곳이니 다른 친구들의 시선도 달라졌고 스스로에 대한 자신감도 높아졌습니다.

하지만 시간이 지날수록 하나둘씩 문제가 생기기 시작했습니다. 무엇보다 영재반에서 공부하는 내용은 학교 공부와는 차원이 완전히 달랐습니다. 난이도도 높을 뿐만 아니라 중학교 수준 이상의 개념을 필요로 하는 문제들도 많았습니다. 지금까지의 공부는 아이의 성실함과 인내심만으로 해결할 수 있는 부분이었다면, 영재반의 공부는 그야말로 타고난 수학적인 재능이 필요했습니다. 보람이에게는 그것이 부족했던 것이죠. 하지만 이미 영재반에 다

닌다고 한껏 주변의 기대를 높여 놓았기 때문에 이제 와서 포기를 하는 것 또한 쉬운 일이 아니었습니다. 속상하기는 부모도 마찬가지입니다.

사실 돌이켜보면 보람이가 수학적인 재능이 약하다는 것은 충분히 알 수 있는 사실이었습니다. 어렸을 때 언어 습득은 매우 빨랐지만 수 개념이 늦어서 수학 공부를 시작했던 것이니까요. 어쩌면 보람이는 수학보다는 언어에 더 재능이 있는 아이였는지도 모릅니다. 수학은 학원을 꾸준히 다녀서 상위권 성적을 유지할 수 있었던 반면 국어나 인문학 쪽 과목들은 딱히 학원을 다니지 않아도 꾸준히 상위권 성적이 유지되었으니까요. 결과적으로 보람이가 수학 학원을 다닌 것은 부족한 부분을 보충할 수 있는 좋은 계기가 되었습니다. 하지만 목표를 지나치게 높게 잡아 아이의 타고난 기질과 능력을 놓쳤던 것이 문제가 되었습니다.

시간을 잠시 뒤로 돌려보겠습니다. 어렸을 때 수 개념이 약해 수학 학원을 보내고 수학을 잘하게 된 아이에게 똑같은 기회가 찾아옵니다. 영재반에 보내고 수학 경시대회를 준비해보자는, 같은 제안을 받은 영진이 부모님도 잠시 학원의 제안에 흔들립니다. 아이의 재능을 살려주지 못하는 부모가 될까 봐 불안하기도 합니다. 하지만 교육에서 아이의 타고난 기질도 중요하게 생각하는 영진이 부모님은 수 개념이 약했던 아이가 이 정도로 수학을 하게 된 것만으로도 감사하다는 생각이 듭니다. 영재반은 타고난 능력도 어느 정도 갖춘 아이들이 다니는 곳이라는 생각이 들었기 때문입니다. 한편으로 아이의 능력을 무시하고 날개를 꺾는 것은 아닐까 불안한 마음이 없었던 것은 아닙니다. 하지만 초등학교 과정은 아직 제대로 된 수학 실력을 알 수 있을 때가 아니기 때문에 중학교 때까지 좀 더 살펴보기로 합니다. 높은 목표는 그때 가서 세워도 되기 때문입니다. 물론 그렇게 되면 남들보다 뒤떨어진다는 학원의 설득과 압박이 있기는 했지만 부모는 그 또한 견뎌보기로 합니다. 어차피 교육은 긴 시간 후에 결과가 나타나는 일이므로 어떤 선택을 하든 불안하기는 마찬가지라는 생각 때문이었습니다.

그런데 그 과정에서 뜻하지 않은 수확이 생겼습니다. 아이도 무의식중에 부모의 이런 가치와 철학을 배우게 된 것입니다. 아이가 6학년이 되면서부터 점점 수학이 어려워진다고 하더니 어느 날 곤두박질친 수학 성적표를 가지고 왔습니다. 아이도 내심 놀란 눈치였습니다. 자기가 이번엔 시험 공부를 제대로 안 한 것 같다고 자책을 하기도 합니다. 다행히 떨어졌던 성적은 다음 시험에서 다시 만회가 되었습니다. 가만히 보니 지난 번 시험은 아이가 유독 어려워하던 입체 공간 개념이 들어가는 단원이 출제 범위였습니다. 연산과 문제 풀이 단원을 배울 때는 다시 성적이 올랐던 것이죠. 이 과정을 통해 아이는 공부에 대한 자신감을 다시 정립합니다.

그동안은 '난 수학을 잘해'라는 막연한 자신감을 갖고 있었다면, '난 수학 중에서도 자신 있는 부분이 있어. 그 부분이 시험에 나올 때는 잘해. 그러니 성적이 좀 떨어져도 괜찮아. 다음에 잘하는 부분에서는 다시 만회할 수 있으니까'라고 자신에게 맞는 현실적인 자신감을 갖게 된 것입니다.

아이의 이런 생각은 부모의 가치관과도 일맥상통하는 부분이 있습니다. 부모가 학원의 영재반 제의를 받았을 때 무조건 우리 아이가 최고라는 생각에 그대로 제의를 수락하지 않고, 아이가 갖고 있는 재능과 기질을 잘 파악하고 현실에 맞게 반응한 것을 아이도 그대로 배웠던 것입니다. 재능과 기질을 현실에 맞게 받아들인다는 것이 아이의 재능에 한계를 긋는 일로 보일 수도 있으나, 현장에서 많은 아이들을 접한 제게는 건강하고 단단한 자신감을 갖게 하는 긍정적인 효과가 더 많음을 알 수 있었습니다. 영진이와 부모님의 선택을 통해 저는 아이들의 진정한 자신감은 현실적인 눈으로 상황에 맞는 목표를 설정하여 성취하는 데서 나온다는 것을 배웠습니다.

공부 자존감이란 스스로 잘한다고 생각하고 자신감을 갖는 마음을 말합니다. 한 번도 실패하지 않고 성공만 해서는 진정한 공부 자존감을 갖기 어렵습니다. 실패도 해보고 그 실패를 딛고 다시 일어서는 경험까지 함께해봐야 진짜 공부 자존감이 형성되는 것입니다.

그리고 이러한 공부 자존감을 가지고 있는 아이들은 배움의 즐거움도 잘 알고 있습니다. 실제 학교에서 만나는 아이들 중 공부를 잘하는 아이들은 많지만 공부하는 것 자체를 즐기는 아이들은 찾아보기 어렵습니다. 공부를 잘하는 아이들은 이를 악물고 그 시간들을 견디고 있는 경우가 대부분입니다. 하지만 지금처럼 빠르게 변해가는 세상에서 학교에서 배운 내용만으로 평생을 살아가는 일은 위험할 수 있습니다. 다양한 능력을 요구하는 세상에 적응하고 살아가려면 배우는 과정 자체를 즐기며 살 수 있는 힘도 필요합니다.

성적은 오르지만
낮아지는 공부 자존감

처음 분수에 대해 배우게 되는 수학 시간, 저는 아이들이 어려워하는 분수의 개념을 좀 더 쉽게 이해시키기 위해 나름대로 학습 동기를 잘 이끌어가고자 노력합니다.

"분수만 나오면 무턱대고 어려워하는 경우가 많은데 분수도 잘 보면 나름대로 규칙이 있어. 그것만 잘 파악하면 쉽게 이해할 수 있단다."

저의 설명에 한 아이가 한숨을 쉬며 고개를 절레절레 흔듭니다.

"저는 분수 단원은 망했어요. 어차피 못할 거예요."

들어보려고도 하지 않고 무조건 못할 거라는 아이의 말이 저는 마음에 걸립니다.

"그게 무슨 소리야? 아직 배우지도 않았는데 잘할지 못할지 그걸 어떻게 알아?"

"저는 분수에 대한 개념이 약하대요."

"누가 그런 소리를 해?"

"학원에서 그랬어요. 지난 번에 수학 테스트 봤거든요. 연산과 추리 영역은 강한데, 분수 개념은 약하대요."

이제야 아이의 말이 이해되었습니다. 학원에서는 아이들 맞춤형 교육을 위해 여러 가지 레벨 테스트를 실시합니다. 아이에게 부족한 영역을 더 집중하여 가르치기 위한 일종의 진단 평가인 셈입니다. 그런데 문제는 그 결과를 아이와 부모에게 공개하면서 아이의 수준을 미리 단정지어버린다는 데 있습니다. 어떤 곳은 그런 테스트 프로그램 자체를 그 학원만이 가진 특별한 노하우로 홍보하면서 결과에 대한 신뢰도 자체를 높입니다. 하지만 제가 본 아이들의 학습 수준은 그때그때 변하고 달라집니다. 답답한 마음에 아이에게 그렇지 않다며 여러 가지 말을 해보았지만, 그렇게 한번 믿어버린 아이의 생각은 달라지지 않았습니다. 재미있는 것은 그렇다고 해서 아이가 진짜로 분수 계산을 못하는 것은 아니었다는 점입니다. 학원에서 충분히 배우고 학교에서 또 복습하다 보니 오히려 다른 아이들보다 성적은 높았습니다. 하지만 분수 단원이 다 끝날 때까지도 아이는 여전히 분수에 대한 막연한 두려움을 갖고 있었습니다. 마지막 기말고사 시험지를 받아들 때에도 아이는 간절히 기도합니다.

"아, 어떡하지? 저 분수는 좀 약한데, 제발 분수 문제만 잘 맞게 해주세요."

아이의 걱정과 달리 수학 성적은 100점이 나왔습니다. 당연히 분수 문제도 모두 맞혔습니다.

"잘했네. 선생님이 보기에 이젠 분수의 달인이 된 것 같은데?"

저의 칭찬에도 아이는 고개를 흔듭니다.

"이번엔 다행히 분수 문제가 쉽게 나와서 그랬어요. 중학교 가면 분수가 더 어려워진다는데 정말 걱정이에요."

이미 각인된 아이의 낮은 공부 자존감을 보며 저 역시도 안타까웠습니다.

학원 레벨 테스트뿐만 아니라 아이들의 자신감을 하락시키는 또 하나의 요인이 있습니다. 바로 학원 숙제입니다. 학년이 올라갈수록 학원에서 시키는 과제의 양도 점점 늘어납니다. 어떤 때는 도저히 하루 동안 하기 힘든 양의 숙제를 내주기도 합니다. 물론 학원의 입장을 들어보면 꼭 해야 하는 양이기도 합니다. 새 학기가 시작되기 전에 배울 단원을 모두 끝내야 하고, 지난 학기 부족한 부분도 복습해야 하기 때문에 이 정도의 과제는 집에서 해와야 계획된 진도를 마칠 수 있습니다. 왜냐면 남들도 그 정도는 다 하고 오기 때문입니다. 문제는 그 많은 양의 과제를 하면서 아이가 느끼게 되는 감정과 생각들입니다. 나름대로 성실하고 머리도 좋은 아이들은 힘들어도 학원의 스케줄대로 잘 따라갑니다. 당연히 성적도 올라가고 좋은 결과가 따라옵니다. 하지만 그 힘들고 지겨운 일들을 해내느라 아이는 내심 지쳐갑니다. 지쳐가도 좋은 결과가 따라오니 그래도 나은 편입니다.

문제는 과제를 따라가지 못하는 아이들에게 있습니다. 숙제는 학생이 당연히 해와야 하는 것으로 받아들여집니다. 학원 입장에서는 아이가 숙제를 해오지 않았을 때 주도권을 확보할 수 있고, 혹시나 나중에 성적이 잘 나오지 않아도 아이의 태만으로 원인을 이끌어갈 수도 있으니 나쁘지 않은 일입니다. 물론 모든 학원이 그렇다는 말은 아닙니다. 여기서 말하고 싶은 것은 그 과정에서 아이가 느끼게 되는 공부 자존감에 대한 것입니다. 많은 분량의 과제를 하는 것도 힘든데 다 못 해가면 꾸중을 듣게 되고, 또 그러다 성적이 안 나오면 결국은 성실하지 못한 아이 탓으로 돌려지니 결국엔 아이도 스스로에게 실망을 하게 됩니다. 학원을 다니는 아이치고 공부를 잘하든 못하든 공부 자존감이 높은 아이가 많지 않은 것도 이와 관계가 있다고 여겨집니다.

실제로 학원을 다니는 아이들이 받는, 학원 과제에 대한 스트레스는 상당합니다. 학교의 쉬는 시간에도 놀지 않고 책상에 앉아 있는 아이들을 보면 십중팔구는 그날 학원 숙제를 하고 있는 경우가 많습니다. 열심히 하는 만큼 스스로에게 잘했다는 말도 해줄 수 있고, 결과와 상관없이 열심히 한 과정에 대해서도 보상이 이루어지는 환경이어야 진정한 공부 자존감도 형성될 수 있습니다.

아이 발달과 기질에 따른 맞춤형 사교육

개인적으로는 사교육 없이 공교육만으로도 충분히 공부가 가능하다고 생각하지만, 부득이하게 사교육을 활용할 수밖에 없는 상황이라면 적어도 아이의 공부 자존감이 다치지 않으면서 우리 아이들이 휘둘리지 않을 수 있는 적절한 활용 방법을 알려드리겠습니다.

많은 부모들은 주변의 소개나 학원의 커리큘럼 등을 보고 사교육을 선택하는 경우가 많습니다. 하지만 사교육의 선택에서 가장 먼저 우선시되어야 할 것은 우리 아이의 상황과 기질입니다. 앞에서도 말했듯이 초등학생은 인지 발달 정도에 많은 차이가 나기 때문에 여기에 맞추어 사교육을 선택하고 활용해야 성공할 확률이 높습니다. 길을 가다 학원들이 내건 성적 우수자들과 명문대 진학 학생들의 홍보용 플래카드를 볼 때마다 저는 닭이 먼저일까 달걀이 먼저일까 하는 생각이 들 때가 많습니다. 학원 입장에서는 이 아이들이 우리 학원을 다녀 좋은 결과를 얻었다고 홍보하고 싶겠지만, 어쩌면 학원들이 좋은 결과를 낼 수 있는 아이들만을 선별하여 가르쳤을 수도 있다는 생각이 듭니다. 달리 말하면 그 아이들은 어떤 학원을 다녔더라도 같은 결과를 냈을 수 있다는 말입니다.

인지 발달이 빠르고 공부에 적합한 분석적인 지능이 높은 아이들은 학습 효과를 내기도 수월합니다. 선행학습을 시켜도 빠르게 흡수합니다. 반면 인지 발달이 늦은 아이들은 사교육을 시작할 때 너무 선행을 많이 하는 학원을 고르면 실패하기 쉽습니다. 현재의 커리큘럼도 이해가 어려운데 선행까지 하면 더욱 따라가기 어려울 테고 그 과정에서 아이는 본인이 남보다 뒤처진다고 생각하기 쉽습니다. 대부분의 학원들이 선행을 하는데 어쩔 수 없지 않느냐고 하는 분들도 있을 겁니다. 맞습니다. 하지만 학원의 규모에 따라 아이에게 맞는 맞춤형 시스템이 가능한 곳들이 있으니 이를 활용해야 합니다.

대형 브랜드 학원은 아이 개인별 맞춤 수준에 따른 전략을 짜기 힘듭니다. 하지만 동네의 작은 학원들은 가능합니다. 작은 학원들은 대형 브랜드 학원에 비해 교육 과정이나 커리큘럼이 허술하게 보일 수 있습니다. 그런데 중요한 것은 적어도 초등학교의 학습 내용은 브랜드 학원의 잘 짜인 커리큘럼이든 소규모 학원의 방식이든 결과를 내는 데는 크게 차이가 없다는 것입니다. 배우는 학습 내용이 중·고등학교에 비해 그리 어렵지 않기 때문입니다. 그리고 초등학교 시기는 잘 짜인 커리큘럼보다는 아이 맞춤으로 진행하는 방식이 더 중요합니다. 특히 인지 발달이 늦은 아이들에게는 더욱 그렇습니다. 누구나 알고 있을 것이라고 생각되는 단어도 인지 발달이 늦은 아이들은 모르는 경우가 있습니다.

이때 그것을 재빠르게 알아보고 아이의 속도에 맞춰주는 것이 중요한데, 브랜드 학원은 진행되어야 할 커리큘럼이 빡빡하게 짜여 있다 보니 아이 개인의 호흡을 따라주기가 쉽지 않을 수 있습니다. 따라서 인지 발달이 다소 늦은 아이들은 동네의 작은 소규모 학원, 선생님이 아이의 상황에 민감하게 반응하여 유연하게 대처해줄 수 있는 곳으로 선택하는 것이 중요합니다.

그렇다면 아이의 기질에 따라 사교육을 선택하는 방법을 알아볼까요? 요즘은 사교육을 시키고 싶지 않아도 뜻대로 하기가 힘듭니다. 학원을 보내지 않으면 아이가 함께 놀 친구가 없기 때문입니다. 또 아이에 따라서는 먼저 학원을 보내 달라고 하는 경우도 많습니다. 학원을 보내 달라는 아이들의 경우는 크게 두 가지로 나뉠 수 있습니다.

첫째, 욕심이 있는 아이들입니다.

미술 학원을 다녀서 그림을 잘 그리는 친구를 보면 부러워서 나도 미술 학원 보내 달라고 하고, 태권도 학원 다녀서 체육 잘하는 친구를 보면 나도 태권도를 배우겠다고 합니다. 아이가 원하는 대로 다 들어줄 수도 없는 노릇이고 그렇다고 배우겠다는 아이의 의지를 꺾는 것도 부모의 도리가 아닌 것 같아 고민이 됩니다. 이런 아이들에게는 '선택과 집중'을 가르칠 필요가 있습니다.

아이가 원해서 미술 학원을 보내줬는데 또 태권도도 배우겠다고 하면 부모는 아이에게 이렇게 말합니다.

"엄마가 보기에 둘 다 다니는 것은 무리야. 지난번엔 학원 다니느라 학교 숙제도 다 못했었잖아."

"몰라. 나도 태권도 하고 싶단 말이야. 윤수도 하고 재민이도 한단 말이야."

"알았어. 그 대신 엄마하고 약속해. 아무리 힘들어도 학원을 빠지면 안 돼. 학교 숙제도 게을리하면 안 되고. 약속을 지키지 않는 일이 세 번이 넘으면 태권도 학원은 바로 그만두는 거야."

이때 아이가 선택한 행동에 대해 끝까지 책임을 질 수 있도록 가르치고, 약속한 일은 반드시 행동으로 옮기는 것이 중요합니다. 무엇보다 학원을 보내거나 그만두는 것의 권한은 부모에게 있음을 가르쳐야 합니다. 더불어 고학년쯤 되면 아이도 경제관념이 생기기 때문에 학원 교육비에 대한 부분도 아이와 함께 공유하는 것이 좋습니다. 많은 부모들은 돈 걱정 없이 아이가 배우고 싶은 것을 마음껏 배울 수 있도록 도와주는 것이 좋은 부모라고 생각하지만, 제가 경험한 바로는 그런 아이들일수록 경제관념이 약하고 부모에게 감사하기보다는 당연한 권리로 생각해, 해주지 않았을 때 더 떼를 쓰는 경우가 많습니다.

저는 제 아이가 고학년이 되면서부터는 친구들이 다니는 학원비가 얼마나 되는지 직접 알아보게 하기도 하고, 주 2일과 주 3일 다니는 것에 따라 비용 대비 학습 효과가 얼마나 있는지에 대해서도 함께 이야기를 나눴습니다. 그런 과정들을 통해 아이도 학원을 주체적으로 고를 수 있는 눈을 갖게 되고 중·고등학생이 되었을 때는 스스로 자기에게 맞는 학원을 고를 수 있는 능력도 갖게 되었습니다.

둘째는 친구 따라 강남 가는 유형입니다.

학원을 가는 일을 공부를 하기 위한 것이라기보다 친구와 함께 하는 활동으로 더 중요하게 여기는 아이들입니다. 아이들은 친구가 학원을 그만두면 얼마 못 가서 자기도 그만두겠다고 하고, 또 친한 친구가 다니는 학원을 자기도 보내 달라고 하기도 합니다. 기질적으로 사람을 좋아하는 아이들에게 흔히 보이는 현상입니다.

이런 경우는 사교육보다 좋은 친구를 사귀는 데 더 초점을 두는 것이 중요합니다. 좋은 친구를 만나면 덩달아 공부도 열심히 하게 되지만 반대의 경우도 있으니까요. 물론 아이의 친구 관계를 부모가 간섭하기 어려운 점이 있지만, 친구를 집에 불러서 놀게 하고 간식도 챙겨주면서 어떤 친구인지 알아보면서 부모가 관심의 끈을 놓지 않는 것이 중요합니다. 이렇게 부모의 관심의 끈이 강한 아이들에게는 나쁜 친구들이 다가가기 어렵기 때문입니다. 또 친구와 함께라면 학원 가는 일도, 학원 숙제하는 일도 스트레스를 덜 받고 할 수 있으니 일석이조의 효과도 있습니다. 이런 기질의 아이라면 부모가 의견을 강하게 밀고 나가기보다는 좋아하는 친구와 함께 공부할 수 있도록 이끌어주는 것도 좋은 방법입니다.

현명하게
사교육 접근하는 법

현장에서 아이들을 만나고 가르치면서 사교육을 활용하면 좋겠다고 여겨지는 경우가 있습니다. 사교육도 잘 활용하면 아이의 에너지를 효율적으로 관리할 수 있는 좋은 수단이 될 수 있습니다. 그런 경우는 크게 두 가지로 나뉠 수 있습니다.

첫 번째는 에너지가 넘치는 유형의 아이들입니다.

이 아이들은 산만하다, 집중력이 부족하다는 말을 흔하게 듣습니다. 아이마다 하루에 소비해야 하는 에너지의 양이 다른데 다른 아이들에 비해 유독 그 에너지가 많기 때문에 생기는 현상으로 보입니다. 다시 말해 학교에 하루 종일 앉아서 공부하는 것 자체가 이 아이들에게는 맞지 않은 교육법입니다. 이런 아이들에게는 축구, 농구 등 신체적인 활동을 하는 학원을 다니게 하는 것이 더 좋은 효과를 낼 때가 있습니다. 어떤 부모들은 아이에게 집중력을 키워주기 위해 바둑 학원을 보내기도 하는데, 이런 경우 아이는 소비해야 할 에너지를 풀지 못해 더 역효과가 나는 경우도 많습니다.

두 번째는 자아 존중감은 지나치게 높고 자기 효능감이 떨어지는 유형의 아이들입니다.

이런 아이들은 고학년이 되면서 대부분 다니던 학원을 하나둘씩 그만두곤 합니다. 배우는 내용도 어려워지고 선생님도 더 강하게 몰아붙이니 그 숨 막히는 분위기를 견디지 못하기 때문입니다. 부모도 아이가 싫다는 것은 억지로 시키고 싶지 않기 때문에 아이 말을 들어줍니다.

문제는 그렇게 시간이 남은 아이들의 하루 일과입니다. 그 시간 동안 친구들과 어울려 놀게 되면 대부분의 아이들은 게임에 빠져들게 됩니다. 가뜩이나 아이의 뜻을 최우선으로 존중하고 키워서 아이가 부모 말을 잘 듣지도 않는데 게임에까지 빠져드니 부모는 진퇴양난입니다. 이런 경우, 아이의 훈육을 위해서라도 학원을 보내서 활동 시간을 관리하기를 권합니다. 꼭 공부를 위해서가 아니라 뭔가 하기 싫은 일도 해야 하는 힘을 배우는 기회를 갖게 하기 위해서입니다. 이미 부모와의 기 싸움에서 이겨버린 고학년 아이와 뒤늦게 실랑이를 하며 훈육 모드를 가져봤자 사이만 나빠지기 십상입니다. 이럴 때 학원을 보내면 하기 싫은 일을 하는 데 들여야 하는 기 싸움을 학원 선생님이 대신해줄 수밖에 없는 구조가 됩니다. 또 학원 선생님 중에서는 이런 아이를 잘 공략해서 공부시키는 능력이 훌륭한 분들도 많이 있습니다. 대신 부모는 딱 한 가지만 하면 됩니다. 아이가 아무리 학원에서 힘든 일이 있었다고 해도 웬만하면 학원 선생님 편을 들어주는 것입니다. 이렇게 부모의 권위까지 선생님에게 위임해줘야 아이의 훈육도 더 많은 효과를 볼 수 있습니다.

어쩌면 전 세계에서 우리나라처럼 사교육 시장이 광범위한 나라도 보기 드물 겁니다. 물론 좋은 현상은 아니지만, 당장 세상을 바꿀 수 없다면 적어도 현실을 나에게 유리하게 활용하는 법을 찾는 현명함이 필요합니다. 사교육의 활용도 그런 관점에서 접근해보시기를 권해드립니다.

사교육은 아이들에게 독이 되기도 하고 득이 되기도 합니다. 문제는 사교육 시장이 점점 팽창하면서 지나치게 부모의 불안감을 자극하는 경향이 있다는 점입니다. 저도 교사가 아닌 다른 직업을 갖고 아이를 키웠다면 이런 불안감에 많이 흔들렸을지도 모릅니다.

사교육은 돈을 주고 내가 선택적으로 활용할 수 있는, 즉 내가 주체가 될 수 있는 영역입니다. 아이 교육에 주도권을 잡기 위해서는 아이의 기질과 재능을 현실적으로 잘 파악하고, 아이의 공부 자존감이 망가지지 않는 선에서 사교육을 잘 활용할 수 있어야 합니다.

한 걸음 더

스스로 공부하는 우리 아이, 어떻게 공부 동기를 심어줄까요

부모님들을 만나면 요즘 학교 교육이 많이 달라졌다는 말씀을 하십니다. 예전보다 많이 어려워졌고 배우는 내용 또한 많아졌다는 걱정을 하십니다. 그런데 제 입장에서 보면 그 말은 절반은 맞고 절반은 틀린 이야기입니다. 사실 교육 과정을 잘 들여다보면 예전에 비해 더 어려운 내용을 배우는 것은 아닙니다. 오히려 교육 과정이 개정될 때마다 어려운 개념이 빠져버리는 경우가 자주 있습니다.

하지만 개념들을 아이들에게 이해시키는 방식에 있어서는 예전과 많은 차이가 있습니다. 교과서에서도 개념을 무조건 암기시키거나 외우게 하기보다는 왜 그렇게 되는지 원리에 비중을 두어 설

다. 아이의 정서가 편안할 때 '왜 공부를 해야 하는지' 공부의 가치에 대해서 이야기해보시길 바랍니다. 다소 시간이 걸릴 수도 있습니다. 하지만 공부하는 이유를 스스로 생각할 수 있는 대화를 많이 하시기를 바랍니다.

둘째, 편한 마음으로 공부할 수 있는 뇌 환경 만들어주기

공부할 때의 정돈된 환경도 중요합니다. 어수선한 환경에서는 시선을 빼앗는 유혹도 많습니다. 과거 우리의 모습을 돌아보면 공부하기 전에 공부하는 환경부터 점검했습니다. 책상 위를 깨끗이 치운다든지, 물건들을 정리한다든지요. 공부하는 뇌가 본격적으로 작동되기 전에 준비를 하는 것입니다. 뇌도 준비가 되어야 효율적으로 제 기능을 합니다. 정돈된 공부 환경, 적절한 수면, 안정되고 편안한 마음 상태가 되도록 건강한 워밍업 시간을 갖도록 합니다. 다만 이 과정은 아이 스스로 할 수 있도록 자기관리 능력을 키워줘야 합니다. 스스로 통제하고 관리하면서 학습 능력을 키우는 힘을 갖출 수 있도록요.

다만 준비만 실컷 하다가 끝날 수도 있습니다. 낭패스러운 일입니다. 그렇다고 실망하지 마시길 바랍니다. 아이들은 본격적으로 공부 궤도에 오르기까지 여러 번의 시행착오를 겪기 마련입니다.

이때는 부모의 역할도 어느 정도는 필요합니다. 학습 태도를 형성하는 초기에는 적절한 보상 체계를 활용하여 아이를 격려할 수 있습니다. 보상 체계는 부모가 원하는 것이 아닌 아이가 원하는 것을 물어보아 함께 정하도록 합니다.

셋째, 공부 성취감을 느끼도록 도와주기

공부하는 성취감은 반드시 아이 스스로 경험하도록 해줘야 합니다. 이 부분은 부모가 할 수 없는 부분입니다. 다만 옆에서 슬쩍 도와줄 수는 있습니다. 아이가 잘하는 것이 무엇인지 눈여겨보고 그 점을 강화해서 아이를 격려해주는 것입니다.

물론 다양한 것을 경험해야 하는 나이에 잘하는 것만 할 수는 없습니다. 하지만 공부 습관을 다지는 초기에는 공부 성취감을 맛볼 수 있는 최선의 방법임은 분명합니다. 사소한 것이라도 아이가 잘하는 것을 발견하면 놓치지 않고 칭찬해주세요. 잘하는 것을 통해 학습 수준을 조금씩 높이고 다른 영역까지 퍼져갈 수 있도록 관심을 가져주시길 권합니다.

이때 아이의 재능과 장점을 발견하는 부모의 노력도 필요합니다. 수학을 잘한다면 이것을 객관적으로 평가할 수 있는 지표를 찾아 테스트를 받아보게도 하고, 재능을 특화할 수 있는 대회도 찾아보는 시도도 할 수 있습니다. 이때는 아이가 부담을 느끼지 않는 선에서 아이를 지지하고 공부의 주체는 아이가 될 수 있도록 부모의 조용한 조력이 필요합니다.

· PART 3 ·

생활 속에 스며든 공부 가치관

생활 속의
건강한 공부 가치관

사실 아이를 건강하게 키우고 싶은 마음은 어느 부모나 마찬가지일 겁니다. 문제는 실제 생활 속에서 어떻게 사랑하고 훈육해야 하는지 매 순간 혼란스럽다는 것입니다. 자신이 잘못해놓고도 속상해서 울고 있는 아이를 앞에 두고 훈육을 해야 할지 마음을 읽어줘야 할지 선택하는 것은 쉽지 않습니다. 어떤 때는 내가 제대로 잘하고 있는 건지 불안하기도 합니다. 아이의 모습도 매번 다릅니다. 어떤 때는 건강하게 잘 크고 있다고 여겨지다가도 어느 순간 거친 말을 한다거나 이해하기 힘든 행동을 하면 아이를 대하는 감정이 격해지기도 하니까요.

문제는 아이를 대하는 일에 부모로서 일관된 가치관을 지니는 것입니다. 앞에서 언급한 공부와 학습을 이끄는 힘들은 아이를 건강하게 키우는 데도 꼭 필요한 가치들이라고 할 수 있습니다. 이제부터는 구체적인 사례들을 통해 부모로서 건강한 가치관을 지니고 일관성 있게 자녀를 사랑하고 훈육하는 방법에 대해 알아보겠습니다.

창의성이
열매를 맺으려면

창의성은 단연 요즘 교육의 대세라 할 수 있습니다. 인공지능의 시대가 되면서 더 이상 단순 지식과 암기 능력은 미래 사회의 경쟁력이 되지 못합니다. 로봇이 넘지 못하는 영역, 인간만이 가질 수 있는 경쟁력 있는 영역 중 하나가 바로 '창의성'입니다. 그런데 아이의 창의성은 도대체 어떻게 키워줘야 하는 걸까요? 반짝이는 창의성을 지닌 아이를 둔 한 부모의 고민을 들어보겠습니다.

"어렸을 때부터 어린이집 선생님이 칭찬을 많이 하셨어요. 생각나무가 큰 아이라고요. 다른 아이들은 한두 가지 이야기를 할 때 우리 아이는 생각이 팡팡 튀어서 새로운 이야기들을 많이 쏟아낸다고요. 그런데 학교에 입학시키려니 걱정이 앞서요. 제도권 학교 교육에서 아이의 창의성이 꺾이게 될까 봐 염려스럽습니다. 대안학교라도 보내야 하는 걸까 고민이 되고요."

공감이 많이 되는 이야기입니다. 아이러니하게도 창의성이 대세인 시대에 학교 교육은 거꾸로만 가는 것 같습니다. 창의성이 넘치던 아이도 학교에 들어가면 질문도 없어지고 꿀 먹은 벙어리가 되니 말입니다.

그런데 이런 생각들은 창의성에 대해 반만 이해하고 있기 때문에 생기는 걱정이기도 합니다. 창의성의 정의는 다양하지만 학계의 가장 많은 지지를 받고 있는 정의에 의하면 창의성이란 '새로운 아이디어를 사회 구성원이 이해하고 받아들일 수 있는 형식으로 표현해내는 것'을 말합니다. 그러니까 우리 아이들이 쏟아내는 순수하고 새로운 생각들은 창의성의 앞부분인 '새로운 아이디어'에는 충족되지만, 뒷부분인 '사회 구성원이 이해하는 형식으로 표현해내는 일'에는 충족되지 못합니다. 그리고 이 두 부분 사이의 간극은 생각보다 제법 벌어져 있습니다. 그럼 이해하기 쉽게 예를 들어볼까요? 어느 교실의 수학 시간으로 가보겠습니다.

"동물 친구들이 미끄럼틀을 타고 있습니다. 미끄럼틀 위에 토끼, 또 다른 토끼, 사슴이 있는데 토끼 한 마리가 미끄럼틀을 타고 내려왔습니다. 남은 동물 친구는 몇 마리일까요?"

선생님의 질문에 아이들은 머릿속으로 열심히 셈을 합니다. 그런데 이때 갑자기 서준이 머릿속에 기막힌 아이디어가 떠오릅니다. 지금까지 보지 못했던 새로운 미끄럼틀이 생각난 것이죠. 평소 넘쳐나는 생각 주머니에 대해 응원과 지지를 많이 받았던 아이는 늘 그랬듯이 자신 있게 이야기를 합니다.

"선생님, 저 방금 근사한 미끄럼틀이 떠올랐어요."

"그랬어? 멋지네."

아이의 발상이 재밌기도 하고 아이의 돌출 행동이 귀여워 맞장구를 쳐줍니다.

"어떤 거냐면요. 음, 그러니까 여기 내려오는 곳이 음, 뭐냐, 마치 꼭 접시처럼 빙글빙글 그러니까……."

처음 막 떠오른 아이디어는 매끄럽지 못하고 성글기 마련입니다. 그 설익은 생각들을 언어로 정리하기까지는 꽤 오랜 시간이 걸립니다. 집에서라면 얼마든지 아이의 말에 귀 기울이며 기다려줄 수 있을 겁니다. 하지만 학교는 그러기엔 녹록치 않은 환경입니다. 아이의 생각을 기다려주자니 스무 명 넘는 다른 아이들의 수학 시간에 손해를 끼치게 되니까요.

"서준아, 지금은 수학 공부를 먼저하고 그 멋진 미끄럼틀 이야기는 쉬는 시간에 계속 해보자."

아이는 샐쭉한 표정을 짓습니다. 지금까지 한 번도 겪어보지 못했던 일이니까요. 엄마 아빠는 늘 이런 생각들이 멋지다고 말해주고 귀 기울여줬는데 학교 선생님과 친구들은 그런 것 같지 않다고 느껴지니 당연히 기분이 상했을 겁니다.

학교는 여러 사람이 함께하는 공간이다 보니 작은 사회와 같습니다. 어른들의 세계에서도 새로운 생각과 아이디어를 표현할 때는 일종의 합의된 절차를 따라야 합니다. 무조건 특허청에 전화를 걸어 나한테 이런 아이디어가 있다고 말한다고 해서 특허를 내주지는 않습니다. 학술적인 아이디어라면 논문을 써야 하고, 새로운 기술에 대한 생각이라면 그림 또는 샘플 모델로 제작하여 특허청의 인증 절차를 밟아야 합니다. 음악적 악상은 오선지에 악보를 그리는 작업으로, 미술적 아이디어도 화폭에 그림을 그리거나 조각 등의 작품으로 표현해야 사회에서도 인정해줍니다. 그런데 이렇게 표현해내기까지는 많은 시간이 소요됩니다. 그 긴 시간 동안의 인내와 노력까지가 '창의성'에 포함되는 것입니다.

그런데 대부분 아이들의 창의성에는 그 긴 시간의 인내와 노력, 표현해내는 기술에 대한 부분이 아직 결여되어 있습니다. 학교는 바로 이 뒷부분의 힘을 기를 수 있는 좋은 장소입니다. 서준이는 처음으로 '표현의 적절성'이라는 벽에 부딪혔습니다. 특허청에 아이디어가 생겨 전화를 했는데 지금은 담당자가 다른 업무로 바쁘니 나중에 서류로 접수하라고 한 겁니다. 좋은 아이디어를 몰라준다고 사회와 제도 탓만 한다면 결코 성공할 수 없는 것과 같은 이치입니다. 이제 저는 서준이에게 창의성의 뒷부분에 해당하는 힘을 길러주기로 합니다.

나는 놀 자격이 있어

쉬는 시간, 저는 아직도 살짝 샐쭉해 있는 서준이에게 다가갑니다.

"서준아, 아까 그 미끄럼틀 이야기 이제 해줄래? 선생님도 궁금했는데, 다른 친구들과 함께 수학 공부를 해야 하는 시간이라 어쩔 수가 없었어."

저의 말에 서준이는 속상했던 기분을 풀고 손짓 발짓을 동원해가며 설명을 합니다. 1단계 전략인 '상황에 맞게 조절할 줄 아는 능력에 대한 훈련'은 이루어진 셈입니다. 이제 2단계 전략! '표현의 적절성'에 대한 훈련을 시켜보기로 합니다.

"서준아, 말로 하니까 선생님이 이해가 잘 안 되는데. 그림으로 그려줄 수 있어?"

"그런데 미끄럼틀의 꼬부라지는 부분은 그리기가 어려워요."

"그런 부분은 이렇게 화살표 표시를 하고 설명을 써주면 돼."

아이는 그제서야 진지한 표정이 되어 그림을 그리기 시작합니다. 이렇게 완성된 결과물은 아이 스스로에게도 큰 성취감을 안겨줍니다. 또 하나의 자기 효능감이 실현되는 순간이기도 합니다. 물론 그 과정이 그리 순탄하지만은 않습니다. 중간중간 벽에 부딪히면 포기하려고도 합니다. 결실을 맺으면 더 좋겠지만 그 과정에서 포기를 해도 괜찮습니다. 대신 그때까지 아이가 노력한 것에 대한 가치만 충분히 인정해주면 됩니다.

"괜찮아, 그래도 여기까지 한 게 어디야. 이거 하느라고 힘든 것도 참고 쉬는 시간에 놀고 싶은 것도 참았잖아. 그건 누가 쉽게 할 수 있는 일은 아니지. 비록 그림은 완성 못했어도 서준이가 오늘 노력한 것들은 서준이 걸로 남아 있어."

아이들은 아직 어리기 때문에 한 번의 시도만으로 완성된 결과까지 이어지기는 어려울 수 있습니다. 물론 시도했다면 끝장을 볼 수 있도록 끝까지 해내는 것을 우리는 미덕으로 여깁니다. 그런데 아이들의 힘듦과 결과를 꼭 이끌어 내려는 가치관이 충돌할 때는 부작용이 생기기도 합니다. 부작용이 생기기 전에 살짝 돌아가는 것도 중요한 교육의 과정이라는 것을 아이들과 지내며 겪은 수많은 시행착오 끝에 깨달을 수 있었습니다. 아직 어린 초등학교 시기에는 결과보다 과정을 중시할 수 있는 교육이 중요합니다. 그래서 더더욱 '자기 조절력'을 가르치는 교육이 중요하다고 여겨집니다.

창의성 교육에 대한 이야기를 할 때 빠지지 않고 등장하는 것이 '노는 아이가 성공한다'는 말입니다. 머리로는 이해가 되지만 실제 사례에서 작용하려고 하면 막막한 생각이 먼저 듭니다. 마냥 아이를 놀게만 한다고 성공하는 것은 아닐 테니까요. 이 개념은 몇 가지 단서가 함께 주어져야만 실현 가능한 가치가 됩니다. 이해를 돕기 위해 한 가지 사례를 제시해보겠습니다.

'구글 20퍼센트의 법칙'이라는 말이 있습니다. 실제 구글은 전체 근무 시간의 20퍼센트를 직원들이 자유롭게 활용할 수 있는 제도를 두었습니다. 그랬더니 구글의 대표적인 상품이나 서비스의 대부분이 그 20퍼센트의 자유 시간에 만들어지는 성과를 낳았습니다. 업무에 얽매이지 않고 뭔가를 열심히 하지 않아도 된다고 생각하는 그 자유 시간에 더 창조적인 아이디어들이 떠올랐던 것입니다.

그런데 여기서 간과하면 안 되는 사실이 있습니다. 바로 아이디어의 주체들이 '구글에 입사한 직원'들이라는 사실입니다. 구글에 입사하기까지 이들은 혹독한 자기 수련의 시간을 거쳤을 겁니다. 그 과정에서 자기 조절력과 자기 효능감도 타인에 비해 높은 수준을 유지했을 것입니다. 그런 내면의 힘이 갖춰진 상태에서 자유 시간이 주어졌을 때 창조적인 에너지로 재생산될 수 있었던 겁니다.

노는 아이는 성공할 수도 있고 그렇지 않을 수도 있습니다. 중요한 것은 노는 아이의 마음속에 내재된 힘이 어떤 것이냐에 달렸습니다. 놀고 있으면서도 스스로의 가치를 어떻게 생각하고 있느냐가 큰 차이를 불러옵니다.

'내가 이렇게 놀아도 될까?'라며 불안한 마음을 갖는 아이는 자기 효능감은 높을지 몰라도 자아 존중감은 낮을 수 있습니다. '내 마음대로 마음껏 놀 거야. 아무도 내가 노는 걸 방해하지 못해'라는 마음을 가진 아이는 심지어 주변에서 "그렇게 놀다간 남들보다 뒤처져 인생 낙오자가 될 거야"라는 말을 들어도 아랑곳하지 않고 당장 눈앞의 재미에만 빠져듭니다. 자아 존중감은 높지만 자기 효능감은 낮고, 다른 사람에 대한 우월감을 갖고 있는 아이일 수 있습니다.

'해야 할 일도 있고 시간이 없긴 하지만 그래도 지금은 놀 테야. 나에겐 충전의 시간이 필요하거든. 이왕 노는 거 최대한 재미있게 놀아야지'라는 마음을 가진 아이는 노는 순간만큼은 푹 빠져서 주변의 모든 일을 잊은 듯 행동합니다. 하지만 어느 순간 다시 돌아와 주어진 일들을 해내는 모습을 보입니다. 가장 건강한 수준의 자기 효능감과 자아 존중감을 갖춘 아이라고 볼 수 있습니다.

중요한 것은 지금 당장 놀이에 빠져 있는 아이의 모습이 아니라 그 아이의 내면에 어떤 생각이 있느냐 하는 것입니다. 이를테면 설혹 게임에 빠져 있다고 해도 스스로에 대해 패배자라고 생각하지 않고 '나는 괜찮은 사람이야. 지금은 게임이 재미있지만, 언젠가는 좀 괜찮은 일들도 하고 싶어질지 몰라'라고 생각하는 마음을 갖고 주어진 상황에 충실한 것입니다.

자기 효능감은 말 그대로 처음부터 끝까지 아이가 주도해야만 생기는 영역입니다. 그러니까 '나 좀 놀아야지' 하는 생각 자체부터 아이가 시작해야 합니다. 따라서 부모가 아이에게 해줄 수 있는 가장 좋은 방법은 우연히 재미있게 흠뻑 빠져서 논 아이에게 그 시간들의 의미를 긍정적으로 만들어주는 것입니다.

"하하하, 엄마, 이거 완전 재미있어요."

"진짜 최고로 멋진 시간을 보냈네. 그동안 학교 다니고 공부하느라 힘들었는데 이 정도는 신나게 놀아줘야지, 잘했어!"

이런 말 속에는 '너는 즐겁게 놀 자격이 있어'라는 자아 존중감을 높이는 응원도 담겨 있으면서, '그동안 열심히 하느라 수고했다'는 아이의 자기 효능감에 대한 격려도 함께 담겨 있습니다. 모든 아이들은 공부를 잘하든 못하든, 열심히 했든 꾀를 부리며 했든 매일 아침 일어나 학교에 가서 자리에 앉아 수업을 듣는 것만으로도 이미 힘든 시간들을 보내고 있습니다. 그러니 즐겁고 신나게 놀 자격도 충분히 있습니다. 부모가 이런 마음을 담아 표현해주는 응원과 지지의 메시지 속에서 아이도 점차 건강한 내면의 힘들을 갖추게 되는 것입니다.

발표에 대한 생각의 차이

발표를 잘하는 아이는 모든 부모들의 로망인 듯합니다. 그도 그럴 것이 당당하게 여러 사람 앞에서 발표하는 아이를 보면 자신감이 넘치고 똑똑하며 리더십까지 있어 보입니다. 하지만 발표에 임하는 아이들의 모습은 이런 어른들의 생각과는 조금 다른 면이 있습니다.

여기 1학년 교실의 학부모 공개 수업 시간 속으로 함께 들어가 보겠습니다. 교실 뒤편은 수업을 보러 온 학부모님들로 가득 차 있습니다. 엄마 아빠가 자신의 모습을 지켜본다는 생각에 아이들도 덩달아 긴장하고 흥분된 표정입니다. 이렇게 평소와는 조금 다른 분위기 속에서 수업을 시작합니다.

"봄에 나오는 곤충에는 어떤 것들이 있을까요?"

"저요! 저요!"

아이들의 손이 여기저기 올라옵니다. 그런데 유독 몸짓이 큰 아이가 있습니다. 손을 들고 흔드는 것만으로도 모자라 엉덩이까지 들썩거리며 여차하면 책상 위까지 올라올 기세입니다. 아이가 보내는 무언의 압박을 외면하기 어려워 아이를 지목합니다.

"그래, 현수! 발표해보세요."

"네!"

현수가 씩씩하고 의기양양하게 일어섭니다.

"……."

그런데 씩씩했던 조금 전의 모습과는 달리 금방 답을 말하지 못합니다. 모두의 시선이 현수에게 쏠립니다. 정작 질문을 한 제 쪽에서 식은땀이 납니다.

“봄에 나오는 곤충.”

한 번 더 슬쩍 질문을 인지시켜줍니다.

“아! 나비요.”

짧은 대답 후에 다시 정적이 흐릅니다.

“그리고 또?”

여러 가지 곤충의 이름을 기대했던 저는 아이의 입을 애타게 쳐다봅니다. 하지만 아이는 방금 전 자신의 답변에 만족해하며 의기양양한 표정입니다.

사실 저학년 아이 중에는 현수와 같은 아이들이 꽤 많습니다. 교육 과정 자체가 어렵지 않다 보니 선생님의 질문에 쉽게 답할 수 있을뿐더러, 이렇게 답을 몰라도 그저 자신의 이름이 불리는 것 자체가 좋아서, 혹은 손을 드는 움직임 자체가 즐거워서 무조건 “저요!”를 외치기도 합니다. 지루한 수업 시간에 유일하게 움직임이 허락되는 순간이기도 하니까요. 이런 속사정을 알 길이 없는 부모는 그저 손을 번쩍번쩍 드는 현수와 같은 아이들이 부럽기만 합니다.

은빈이 엄마 역시 그렇습니다. 학부모 공개 수업 시간 동안 선생님이 총 다섯 번의 질문을 했는데, 그때마다 현수는 손을 번쩍번쩍 들고 발표를 합니다. 우렁차게 큰 목소리인데다 대답도 잘합니다. 그런데 우리 은빈이는 한 번도 손을 들지 않았습니다. 도대체 왜 그런 걸까요? 선생님의 질문이 어려워 보이지도 않습니다. 은빈이가 사 달라고 졸라서 사준 곤충에 대한 책만 해도 여러 권입니다. 도대체 봄에 나오는 곤충이 뭐가 어렵다고 답을 못하는 걸까요? 혹시 수업 시간에 딴짓을 하느라 선생님 말씀을 못 들은 걸까요? 평소에도 아이가 학교에서 이렇게 수업을 듣는 것은 아닌지 걱정이 이만저만이 아닙니다.

"아휴~ 현수 엄마 좋겠어요. 어쩜 아이가 저렇게 발표도 잘해요? 우린 은빈이도 현수처럼 씩씩했으면 좋겠네요."

주변 엄마들의 반응에 현수 엄마는 어깨가 으쓱해지고 은빈이 엄마는 어깨가 축 늘어집니다. 그런 부모님들의 모습을 바라보는 저의 마음은 답답하기만 합니다. 사실 아이들의 실상은 많이 다르기 때문입니다.

은빈이는 엄마의 걱정과는 달리 우리 반에서 곤충의 이름을 가장 많이 알고 있는 아이입니다. 다른 친구들이 발표하는 시간 동안 공책에 적어놓은 곤충들의 이름을 보면 알 수 있습니다. 은빈이는 이렇게 곤충 척척박사이면서 왜 손을 들지 않은 걸까요? 사실 발표라고 하는 것은 많은 의미 파악이 수반되는 활동입니다. 일단 선생님의 질문에 답을 알고 있어야 합니다. 그런데 그 또한 의문이 듭니다. 선생님이 어떤 답을 원하는지 정확하게 모르기 때문입니다.

'나비라고만 말해도 되나? 아니면 호랑나비, 흰나비, 노랑나비 이렇게 종류별로 말해야 하나? 혹시 내가 여러 종류 중에 하나를 빠뜨리고 말하면 어떡하지? 친구들이 놀리려나? 뒤에 서 있는 부모님들이 내 목소리가 너무 작다고 생각하지는 않을까?' 등등 수많은 생각들이 떠오릅니다. 주변 사람의 반응과 상황이 모두 인지되다 보니 도무지 은빈이는 손이 올라가지 않습니다.

하지만 현수의 마음은 다릅니다. 은빈이처럼 주변의 사람과 상황에 대한 인지는 되지 않습니다. 그저 순간의 감정에 충실합니다. 손을 들고 싶고, 말하고 싶고, 넘치는 에너지를 어떻게든 쓰고 싶은 것입니다. 발표를 잘하고 못하고는 별로 중요하지 않습니다. 오히려 선생님이 자기를 안 시켜주는 것이 화가 납니다.

"현수는 아까 발표했으니까, 다른 친구에게 기회를 더 줍시다."

"싫어요. 제가 할래요."

다짜고짜 떼를 써보기도 합니다. 그래도 안 되면 점차 관심이 다른 곳으로 넘어갑니다. 옆에 있는 짝꿍과 재미있는 손가락 놀이를 시작합니다. 재미있습니다. 현수에게는 늘 이렇게 순간의 감정이 중요합니다. 이렇듯 저학년 교실에서 발표를 잘하는 아이는 어른들의 생각과는 다른 면도 있습니다.

일반적으로 정의되는 발표에 대한 생각은 사실 고학년 교실에서 적용됩니다. 저학년 교실에서 발표를 안 하는 아이들 중에는 질문이 너무 쉽기 때문에 그러는 이유도 있습니다. 그 쉬운 질문에 경쟁까지 치열하니 딱히 그 경쟁에 자신까지 끼고 싶지 않은 것입니다. 그러다 고학년이 되면 배우는 내용이 점점 깊어지면서 어느 날, 아이들이 쉽게 알지 못하는 어려운 질문을 선생님이 하게 됩니다.

평소 책을 많이 읽어서 답을 알고 있던 은빈이는 슬쩍 손을 들고 발표를 합니다. 명쾌한 정답에 선생님도 칭찬해주시고, 친구들도 대단하다는 눈길을 보냅니다. 그때부터 은빈이는 발표에 대해 자기 효능감이 생깁니다. 이제는 좀 더 자신감 있게 적극적으로 수업 시간에 발표를 즐기게 됩니다.

발표를 잘하는 아이와 발표를 안 하는 아이는 이렇듯 타고난 기질적인 면이 많이 작용합니다. 어떤 부모는 발표를 잘 못하는 아이에게 자신감을 길러주기 위해 웅변 학원을 보내기도 합니다. 기질적으로 수줍음이 많고 섬세한 성격이라 다른 사람의 반응에 민감한 아이는 그렇지 않아도 힘든 상황에 더 자주 노출됩니다. 잘해서 칭찬받기보다는 이렇게 해봐라, 저렇게 해봐라 하는 선생님의 시도 속에 어쩔 수 없이 노력은 하면서도 자신이 잘 못하는 상황을 더 많이 직면하게 될 수밖에 없습니다. 자연스럽게 스스로에 대해 '난 발표를 잘 못하는 아이구나' 하는 생각을 갖게 될지도 모릅니다. 혹은 이 상황을 가까스로 힘들게 이겨내서 웅변대회에 나가 상을 받게 되었더라도, 훗날 어른이 되어 너무 싫었던 그 기억이 떠올라 다시는 남들 앞에 서서 말하는 일을 하지 않으려고 할 수도 있습니다.

부모님들께 무엇보다 말씀드리고 싶은 것은 아이를 교육할 때 가장 우선시되어야 하는 것은 육아서의 조언이 아니라 우리 아이의 특징을 먼저 파악하는 것입니다. 똑같은 교육 방법이라도 아이의 기질에 따라 득이 되기도 하고 실이 되기도 합니다. 우리 아이는 발표에 대하여 어떤 생각을 가지고 있는지, 발표할 때 듣는 대상에 대한 민감도는 어느 정도인지 살펴볼 수 있는 기회를 가져보시기를 바랍니다. 아이의 기질을 살펴보고 교육의 방향을 가늠하는 것이 가장 좋은 방법입니다. 발표에는 아이의 기질이 많이 작용합니다. 이 점을 인지하고 아이의 능력과 발표를 연결시키지 않으셨으면 합니다. 우리나라는 흔히 외향적이고 활발한 성향을 높이 평가합니다. 하지만 외향성과 내향성은 기질의 차이일 뿐, 외향성이 더 우위의 기질인 것은 아닙니다.

책 읽는 것을
좋아하는 아이

전통적으로 교육의 최상 가치로 여겨지는 것 중의 하나가 바로 아이의 독서 습관입니다. 책을 좋아하고 많이 읽는 아이에 대해선 누구라도 긍정적인 시선을 보내며 고개를 끄덕입니다. 그러다 보니 부모들도 어렸을 때부터 책을 읽어주는 습관을 길러주고자 노력합니다. 아이가 잠들기 전 가장 좋아하는 동화책을 하나 고릅니다. 침대 머리맡에 앉아 조용조용 읽어주다 보면 아이도 사르륵 잠이 듭니다. 잠들기 전 책 읽어주는 시간은 어느새 하루 일과 중 가장 중요한 부분이 되었습니다. 아이도 그 시간을 가장 좋아하고 기다리는 눈치입니다. 그런 아이 때문에 부모는 아무리 바쁘고 힘들어도 잠들기 전 책을 읽어주는 시간만큼은 꼭 지켜주려고 노력합니다.

그렇게 아이가 무럭무럭 자라 어느덧 아이는 초등 고학년이 되었습니다. 지치고 피곤한 하루를 마친 저녁, 여지없이 아이는 책을 들고 쪼르르 달려옵니다. 한글을 모르던 때야 책과 친구가 되게 해주고 싶은 마음에 열심히 읽어주었지만, 이제 제 스스로도 충분히 읽을 수 있는 나이인데도 읽어 달라고 하니 언제까지 읽어줘야 하나 한숨이 나옵니다. 부모는 책을 잘 읽는 아이로 키우기 위해 시작한 일인데 오히려 다른 아이들보다 책 읽는 활동에 더 수동적인 아이가 된 것만 같습니다. 엄마 없이 혼자서는 도통 읽으려 하지 않으니까요. 덕분에 책을 좋아하는 습관은 갖게 되었지만, 그 모든 과정을 꼭 누군가와 함께하려고만 하는 것이 문제입니다. 도대체 어디서부터 무엇이 잘못된 것일까요?

문제는 아이와 부모가 서로 다른 곳에 포인트를 두고 있다는 점에 있습니다. 부모는 '책 읽는 활동'에 초점을 둔 반면 아이는 '엄마와 함께하는 활동'에 초점을 둔 것입니다. 아이는 엄마와 함께하는 활동이 좋으니 '책을 스스로 읽는 활동'은 할 생각이 없는 것이죠. 아니, 오히려 그렇게 되면 더 이상 엄마와의 즐거운 시간이 사라질까 봐 두려워 더욱 함께 읽기를 고집하는 건지도 모릅니다.

책을 읽는 활동도 자기 효능감 영역에 들어갑니다. 유아기 때는 정서적인 친밀감을 위해 잠자기 전 책을 읽어주었다면, 아동기에 접어들면서는 그 횟수를 줄이고 혼자 읽을 수 있도록 독려해주어야 합니다. 대신 아이가 느끼는 정서적 상실감은 다른 방법으로 충족시켜주시면 됩니다.

"이제 어느 정도 컸으니까 잠들기 전 책 읽기는 그만하자. 대신 엄마가 잠들 때까지 옆에 있어줄게(대신 엄마가 낮에 카드놀이 같이

해줄게).”

정서적 상실감을 대체해주는 방법은 부모가 정하지 말고 아이가 좋아하는 것으로 해야 효과가 있습니다. 위 대화의 ‘대신’ 다음에 이어지는 부분은 아이에게 먼저 물어보시길 바랍니다. 그리고 이제부터는 책을 읽느라고 앉아 있는 시간 대신 얼마나 질적으로 깊게 책의 내용을 이해하고 있느냐에 초점을 맞추어 교육을 하는 것이 좋습니다. 이 부분에 대해서 독서록 쓰기 활동과 연관지어 좀 더 알아보겠습니다.

독서 교육하면 함께 떠오르는 것이 바로 독후 활동에 대한 것입니다. 책을 읽고 자신이 느낀 점을 글로 정리하거나 또 다른 방법으로 표현하는 일은 (예: 주인공에게 편지 쓰기, 독서 신문 만들기, 글의 내용으로 동시 짓기 등) 매우 의미 있고 창의적인 활동으로 여겨집니다. 모두 훌륭한 교육 방법이지만 질보다 양을 중요시 할 때 문제가 생깁니다. 학교에서도 특별 활동 차원에서 독서 활동을 권장하기도 합니다. 1주일에 2권씩 책을 읽고 독서 통장 활동을 하도록 정하는 것입니다.

아침 독서 시간, 교실 한쪽에서 속삭이는 소리가 들립니다.

“아~ 독서록 어떡하지? 아직 책도 다 못 읽었는데…….”

“야, 그걸 뭘 고민해? 인터넷에 책 이름 검색하면 줄거리까지 다

나와, 그거 보면서 대충 쓰면 되지."

"맞아, 맞아. 그리고 블로그에 보면 느낀 점까지 잘 나와 있는 것도 있어. 나 4학년 때 그거 보고 했다가 독후감 쓰기 대회 상도 받았어."

아이들만의 독서록 쓰기 비법에 대한 은밀한 사생활이 펼쳐지고 있었습니다. 주객이 전도된 상황입니다. 이래선 안 되겠다는 생각에 저는 독후 활동 방법을 양보다 질에 맞추기로 합니다.

"책 읽고 느낀 점을 쓰는 거 많이 했으니까 지겹지? 독서록 쓰기는 책을 잘 읽도록 하기 위한 것이니까 앞으로는 다른 방법으로 검사를 하겠어요."

"어떻게요?"

"책을 다 읽고 오면 선생님이 퀴즈를 다섯 문제 낼 거야. 그중에서 세 문제 이상을 맞춰야 인정을 해줄 거야."

그동안 설렁설렁 독서록을 써왔던 아이들은 한숨을 쉽니다.

"와, 진짜요? 망했네."

반면 진짜 책을 깊이 있게 읽었던 아이들은 새로운 방식에 호기심을 나타냅니다. 독서 활동은 활동 자체에 집중해야지 독서록 쓰기에 초점이 맞춰져 주객이 전도되어서는 안 됩니다. 실제 이런 내용으로 고민을 털어놓는 부모님들도 꽤 있습니다.

"선생님, 제가 다른 공부는 남들처럼 안 시켜도 책만큼은 많이 읽은 아이로 키우고 싶어서 어렸을 때부터 신경 써서 책도 많이 사주고 도서관도 데려가고 했거든요. 그런데 아이가 책 읽은 내용을 잘 기억하지 못해요. 이번에 본 사회 시험이 역사 부분이잖아요? 진짜 거짓말 안 하고 역사 시리즈 읽고 쓴 독서록만 세 권이 되거든요. 그런데 누가 봐도 풀 수 있는 쉬운 문제도 왜 다 틀려오는 건지 모르겠어요."

실제 그 아이는 매우 총명하고 똑똑했습니다. 조금만 집중하면 맞출 수 있는 문제도 틀린 것입니다. 어쩌면 방에 있다는 그 '독서록 세 권'이 아이의 발목을 잡았을 수도 있습니다. 독서록을 써내는 일에 집중하느라 정작 책을 읽고 나서 머릿속으로 그 내용을 음미하고, 기존에 알고 있던 지식들과 서로 연결도 지어보며 마음껏 상상의 나래를 펼칠 시간을 갖지 못했던 것입니다. 책을 읽은 사람과 의미 있는 시간을 함께 나누지 못한 지식들은 쉽게 날아가 버리기 마련입니다.

책은 반드시 처음부터 끝까지 설득해 읽지 않아도 됩니다. 단 한 구절을 읽더라도 그 내용을 자신의 생각과 연결시켜 말할 수 있으면 충분합니다. 반드시 책이 먼저 아이에게 다가가지 않아도 됩니다. 세상을 살다가 문득 궁금증이 생겼을 때 그 상황에 맞는 책을 아이가 고르고 선택할 수 있게 하는 것도 중요합니다. 즉 아이가 먼저 책에게 다가가는 경험이 필요합니다. 그리고 이런 교육들은 사실 '부모가 신경 써서 좋은 책을 사줄 때'보다는 '부모가 삶에서 먼저 이런 모습들을 실천하며 보여줄 때' 더 효과가 있습니다.

독서록을 쓰는 양에 큰 의미를 두시지 말기를 바랍니다. 한 권이라도 제대로 읽고 책의 정수를 파고드는 것이 중요합니다. 그러기 위해서는 아이가 책에 대한 흥미를 잃지 않아야 합니다. 중요한 것은 독서의 질입니다. 생각을 많이 하게 만드는 것이 좋은 독서입니다. 그래야 독서록도 의미가 있습니다.

내 아이에게 맞는 집중력

공부를 잘하기 위해서는 집중력이 좋아야 한다고 말을 합니다. 그래서 아이의 집중력을 키워주기 위해 부모들은 많은 노력을 합니다. 집중력 하면 가장 먼저 떠오르는 것이 에너지와 체력입니다. 그래서 몸에 좋은 영양제를 광고할 때도 집중력 향상 기능을 앞세우곤 합니다. 물론 맞는 말입니다. 하지만 현대인들의 식습관을 가만 생각해보면 영양은 이미 충분하다는 것을 알 수 있습니다. 집중력을 발휘할 에너지가 부족한 시대는 아닌 것입니다. 아이들을 잘 살펴보면 집중력에서 영양과 에너지보다 더 중요한 것이 있다는 것을 쉽게 알 수 있습니다.

영빈이 부모님은 아이의 집중력에 대해 고민이 많습니다. 영빈이는 공부를 할 때는 도대체 잠시도 가만히 앉아 있지를 못하니까요. 10분도 지나지 않았는데 목이 마르다, 화장실 가고 싶다고 하면서 들락날락거리기 일쑤입니다. 아무래도 아이가 집중력이 부족하다는 생각이 듭니다. 집중력을 기르기 위한 학원도 알아보고 몸에 좋다는 영양제도 챙겨 먹여 보지만 도무지 나아지지를 않습니다.

학부모 상담에서도 영빈이 부모님은 이 문제에 대한 고민을 가장 많이 이야기했습니다. 그런데 제 눈에는 영빈이가 집중력이 부족한 아이로 보이지 않았습니다. 아이가 놀라운 집중력을 발휘하는 모습을 종종 볼 수 있었으니까요. 영빈이 부모님도 많이 봤던 순간입니다. 바로 게임하는 때입니다. 컴퓨터 앞에서 게임을 할 때는 밥 먹는 것도, 화장실을 가는 것도 잊어버릴 정도로 열심입니다. 도대체 공부와 게임이 무엇이 다르길래 이리도 큰 차이를 보이는 것일까요? 그것은 재미와 흥미에 있습니다. 그러니까 영빈이는 집중력이 없는 아이가 아니라 공부에 재미와 흥미를 못 느끼는 아이로 보는 것이 맞습니다. 재미를 느끼는 게임에서는 놀라운 집중력을 보이는 모습을 보았으니까 말이죠.

실상은 많은 아이들이 영빈이와 비슷합니다. 그러니 제가 보기에 집중력이 부족한 아이는 없습니다. 대부분 학습에서 흥미와 재미를 느끼지 못하는 아이들이 있을 뿐입니다. 그런데 여기서 한 가지 고민이 더 생깁니다. 어떻게 하면 공부에 흥미와 재미를 느낄 수 있게 할까요?

그런데 가만 보면 이 말도 생각해볼 문제입니다. 사실 공부는 재미와 흥미를 느끼며 할 수 있는 일이 아닙니다. 처음엔 어찌어찌 재미와 흥미로 유도를 해볼 수 있겠지만 그것을 유지해나가다 보면 재미와 흥미를 계속 유지하기는 어렵습니다. 공부는 어렵고 힘들고 지겹기도 한 과정이기 때문입니다. 그러니 공부에 집중력을 발휘하기 위해 꼭 필요한 힘은 힘들고 지겨운 일도 참고 견뎌낼 수 있는 성실함과 자기 조절력입니다. 초등학교 학습지를 광고하는 모습을 보면 아이들이 해맑은 모습으로 즐겁게 공부하는 모습이 많이 나옵니다. 그런데 학교에서 공부를 가르쳐보면 절대 그런 밝은 표정만으로 공부할 수는 없습니다. 싫은 모습, 찡그린 모습, 화내며 투덜대는 모습이 더 많습니다. 그 모습도 아이들이 공부를 하는 과정에서 보여주는 당연하고 자연스러운 모습이라고 받아들이는 것이 중요합니다. 왜 투덜대며 문제를 푸냐? 잔소리를 할 필요는 없습니다. 싫은 감정을 이겨내고 자기 조절력을 기르기 위한 과정 중에 자연스럽게 나온 모습으로 받아들이고 표정이나 태도보다는 학습한 결과물에 더 집중해서 피드백을 해주는 것이 좋습니다.

"선생님, 영빈이는 사실 머리가 그렇게 나쁜 아이 같지는 않아요. 수학 학습지도 딱 마음먹고 앉아서 집중하면 30분이면 풀거든요. 그렇게 마음먹으면 금방 풀 것을 왜 그렇게 하기 싫다고 투덜대며 빈둥거리는지 모르겠어요. 어떤 때는 2시간을 그러다가 30분 만에 뚝딱 풀어요."

답답하다며 말씀하시는 영빈이 부모님께 아이들에게 있는 마음의 힘에 대해 설명합니다. 영빈이가 30분 만에 학습지를 풀 수 있었던 것은 그 앞에 투정부리고 빈둥거린 2시간이 있었기 때문에 가능했다고 말입니다. 그 시간 동안 아이는 하기 싫은 마음, 부정적인 감정들을 다 해소한 것입니다. 그렇게 감정을 해소하고 나니 비로소 학습지를 풀 수 있는 힘이 생긴 것입니다. 그러니 그 시간들조차 아이가 노력한 시간으로 봐주시는 것이 좋습니다.

"영빈아, 저번엔 학습지를 풀기까지 준비 시간이 2시간 걸렸는데, 그래도 오늘은 1시간 30분 만에 풀기 시작했네. 30분 단축! 훌륭해."

"뭐? 빈둥거린 것이 훌륭하다고요?"

아이는 괜한 트집을 잡으며 되묻습니다.

"빈둥거린 것이 훌륭하다는 건 아니지. 그래도 그 시간 동안 네가 학습지를 풀어야겠다고 생각하고 스스로와 싸운 거잖아. 확 뛰쳐나가지 않고 있었던 걸 보면 말이야. 그렇게 스스로 싸운 시간이 훌륭하다고."

이런 대화는 아이에게 마음의 힘이 어떻게 움직이는지를 살펴볼 수 있는 기회를 만들어주고, 더불어 다음에 같은 상황이 되었을 때 스스로를 통찰해보고 조절할 수 있게 하는 기회를 만들어주기도 합니다.

아이가 공부를 하는 과정은 기계처럼 입력한 대로 결과물을 뱉어내는 과정이 아닙니다. 아이들은 저마다 기질이 다르고 감정의 에너지도 다릅니다. 공부에서 파생되는 생활 습관도 눈여겨보아야 합니다. 교육에서 중요하다고 생각했던 가치관들이 균형을 잃거나 아이의 특별한 기질과 맞물릴 때는 더욱 주의해야 합니다. 그래야 공부 저력은 시너지 효과를 낼 수 있습니다.

아이들은 어떨 때
집중력을 보일까

『몰입의 즐거움』이라는 책에서도 소개했듯, 집중력을 불러일으키는 요인에는 흥미와 즐거움을 빠트릴 수 없습니다. 게임이 아이들에게 바로 이것을 제공하기 때문에 별다른 훈련 없이도 바로 몰입이 가능한 것입니다. 이런 집중력의 원리를 학습으로 가져올 수는 없는 걸까요? 많은 부모님들이 궁금해하는 것이 바로 이 대목입니다.

"아침 먹자. 집중력을 높이기 위해서는 아침 식사를 거르지 않는 것이 중요하대."

"저녁에 수학 과외 있는데 너무 폭식하면 안 돼. 식사를 조금 부족하게 해야 집중력이 높아진다고 했어."

"그만 자고 얼른 일어나. 주말이라고 늦잠 자면 안 돼. 규칙적인 생활은 집중력을 높여주는 데 중요하단 말이야."

"왜 이렇게 자신감이 없어. 어깨 펴고 나는 할 수 있다고 속으로 외쳐 봐. 자신감을 키워야 집중력도 높아진단 말이야."

아이의 집중력을 키워주기 위해 우리가 흔하게 하는 말들입니다. 물론 다 맞는 말이고 연구로도 입증이 된 사실들입니다. 그런데 문제는 순서가 바뀐 것에 있습니다. 이런 행동들은 일단 집중력이라는 비행기를 띄우고 나서 이것을 잘 조정하는 데 필요한 것들입니다. 그런데 아직 우리 아이들은 그 비행기를 띄우지도 못했습니다. 비행도 시작하지 않은 아이들에게 조정하는 법부터 가르치니 잘 먹히지 않는 것입니다.

그리고 또 한 가지 기억해야 할 것은 집중력의 동기는 아이 내부에서 시작된다는 사실입니다. 그런데 이런 동기 자체를 부모가 외부에서 넣어주려고 애쓰다 보니 오히려 역효과가 나는 것입니다. 그럼 도대체 언제부터 내부에서 집중력의 동기가 생기는 걸까요? 그런 동기가 생기기는 할까, 라는 생각까지 듭니다.

아이 내면에 집중력의 동기가 생기는 시점은 개인마다 다릅니다. 그리고 대부분 그 순간은 부모와 함께하는 순간보다는 오롯이 아이만의 주도적인 공간에서 시작됩니다. 아이들의 사회 생활의 시작인 학교에서는 특히 이런 순간들이 많습니다. 친구에게 재미있는 책 이야기를 듣다가 나도 읽어봐야지 할 때, 수학 문제를 친구에게 가르쳐주다가 자기가 더 크게 깨닫게 될 때, 선생님의 질문에 아무도 답을 모르는데 혼자 정답을 맞혔을 때, 무심코 내뱉은 말이나 행동 등에 친구들과 선생님이 동경의 눈빛을 보냈을 때 아이들은 자기도 모르게 동기가 솟게 됩니다. 또는 의도적으로 교사가 그 동기를 북돋을 때도 있는데 이럴 때 집중력 향상을 위해 부모에게 너무 많은 교육을 받은 아이들일수록 오히려 반대 방향으로 도망가려는 경향이 있습니다. 아이들을 가르치다 보면 오히려 주입된 생각이 없는 아이들이 교사의 교육에 더 잘 따라오는 것을 보게 됩니다.

부모 입장에서 아이의 집중력을 키워주기 위해서는 다음의 두 가지가 필요합니다. 첫째, 지나치게 집중력을 강조한 말들로 아이에게 부정적인 정서를 심어주지 않을 것. 둘째, 때를 잘 기다렸다가 아이가 긍정적인 동기를 보이는 순간을 놓치지 않을 것.

도대체 책이라고는 읽지 않고 공부할 때는 10분도 집중하지 못하던 아이가 어느 날 게임 설명서를 꼼꼼히 읽으며 무려 1시간이 넘게 집중하는 모습을 보입니다. 이 순간을 놓치지 않는 것이 중요합니다.

"이야, 벌써 1시간째 꼼짝 않고 있네. 놀라운 집중력이다. 엄마는 우리 아들이 집중력이 부족한가 했는데 엄마가 오해했어. 자기가 좋아하는 분야에서는 엄청 집중할 수 있는 능력을 지녔구나. 다만 그것이 공부가 아니라 게임이라는 것이 아쉽지만 말이야."

비꼬는 말투가 아닌 진심이 담긴 말투로 이런 말을 전하게 된다면 아이도 자신의 집중력에 대해 다시 한 번 생각하게 됩니다.

집중력은 어떤 특정 대화법으로 키워줄 수 있는 문제는 아닙니다. 하지만 아이가 이룩하는 순간을 놓치지 않고 진심 어린 믿음을 담아 건네는 대화는 충분히 아이가 빛을 발할 수 있는 에너지를 전달할 수 있습니다. 이룩의 순간을 알아볼 수 있는 부모의 관심이 무엇보다 중요한 영역입니다.

집중력의 핵심, 스스로 자기를 조절하는 힘

공부할 때면 늘 자신이 좋아하는 아이돌 음악을 틀어놓는 슬비. 부모는 음악을 들으면서 슬비가 얼마나 공부에 집중할 수 있을까 걱정이 됩니다. 음악을 끄고 집중하라는 말에 아이는 삐딱하게 대답합니다.

"음악 들으면서도 할 거 다 하거든요?"

정말 음악을 들으며 공부해도 집중할 수 있는 걸까요? 제가 현장에서 만난 아이들은 두 가지 유형으로 나뉘는 것 같습니다. 첫 번째는 음악을 듣는 것이 집중력에 방해가 되는 경우입니다. 이 경우는 아이의 학습 결과물을 보면 알 수 있습니다. 음악을 들으면서 할 때와 그렇지 않을 때 학습 결과에 큰 차이가 있습니다. 두 번째 유형은 음악을 듣는 것이 집중력에 큰 방해가 되지 않는 경우입니다. 정확하게 말하면 공부를 하면서 지겨운 마음이 들 때 음악을 들으면서 좀 더 공부의 집중력을 이어갈 수 있는 것입니다. 따라서 음악을 듣는 행동 자체보다는 아이의 학습 결과물을 놓고 대화를 하는 것이 좋습니다.

"슬비야, 엄마가 궁금해서 그러는데 정말 음악을 들으면서 집중이 돼? 엄마는 그게 잘 안 되던데."

"음악도 두 가지가 있어요. 자꾸 입으로 가사를 흥얼거리게 되는 중독성 있는 곡은 좀 위험하긴 해요. 하지만 경쾌하고 신나는 음악을 들으면 좀 기분이 나아지거든요."

정말 아이의 말이 맞는지는 평소 행동과 학습 결과 등을 통해 확인할 수 있습니다. 아이가 숙제하는 것, 학원 가는 일, 학교 시험 등에서 크게 뒤떨어지지 않고 나름대로 잘 해가고 있다면 음악을 듣는 행동 자체를 제지할 필요는 없습니다.

"알았어. 솔직히 엄마의 경험상, 잘 이해가 되지는 않지만 네가 숙제도 알아서 잘 해가고 담임 선생님과 상담할 때도 크게 문제없다고 하시니 일단 지켜볼게. 엄마는 슬비를 믿으니까. 하지만 언제라도 문제가 있다고 생각될 때는 달라질 수 있어."

아이를 믿는다는 부모의 말은 어떤 잔소리보다 큰 힘을 발휘합니다. 사실 음악을 듣는 것과 집중력 사이에는 미묘한 줄다리기가 있습니다. 그 팽팽한 긴장을 잘 유지하는 것이 집중력의 관건인 셈인데, 부모가 매 순간 이것을 관리할 수는 없습니다. 결국 아이 스스로 조절하는 힘이 중요한데, 그럴 때 부모가 믿어준다는 말은 아이에게 큰 힘이 됩니다. 더불어 믿는다고 하고 방관하는 것이 아니라 늘 관심을 갖고 지켜보겠다는 말 또한 긴장의 끈을 놓지 않는 데 도움이 됩니다.

집중력을 유지하는 데는 체력도, 에너지도, 습관도 필요하지만 무엇보다 중요한 것은 바로 자기 조절력입니다. 앞의 말들을 통해 무조건 아이를 믿어주기만 하면 되는 것으로 이해하셨을까 싶어 자기 조절력에 대한 부분을 하나 더 짚어보겠습니다.

명수는 게임과 블록을 만들 때는 놀라울 정도의 집중력을 보입니다. 하지만 학교 공부나 독서 등은 전혀 하지 않으려고 합니다. 교육은 한 발 뒤에서 아이를 따라가는 것이라는 가치관으로 명수를 교육해왔던 엄마는 아이가 원하는 것이면 무조건 들어주려고 노력합니다. 무엇보다 블록을 만들 때 보이는 아이의 집중력과 재능을 잘 알고 있는 부모는 언젠가는 아이가 다른 분야에서도 능력을 보이리라 믿어 의심치 않습니다. 그런데 고학년이 되어서도 도대체 공부에는 관심이 없는 아이를 보면 점점 불안해지기만 합니다.

명수의 경우는 앞에서 말한 모든 가치들을 충족하고 있지만 중요한 키워드가 하나 빠져 있습니다. 바로 자기 조절력입니다. 좋아하는 것을 함으로써 집중력이 시작되는 토대가 만들어지는 것은 맞지만, 그 집중력을 유지하기 위해서는 자기 조절력이 필수입니다. 또한 아무리 좋아하는 분야라도 슬슬 내용이 어려워지면 힘들어지기 마련인데 이때 자신을 다잡을 수 있는 것도 자기 조절력입니다.

"명수야, 이제 블록 그만하고 수학 숙제 해야지."

"알겠어요. 이거 조금만 더 하고요. 완성하지 않으면 자꾸 머릿속에서 이 생각이 떠나지 않는단 말이에요."

30분 후 엄마는 다시 아이 방문을 열어보지만 상황은 하나도 달라지지 않았습니다. 아이가 고학년이 된 상황에서 이런 일이 반복된다면 이제는 훈육을 가해야 할 시점입니다.

"자, 이제 그만. 엄마가 두 번이나 시간을 줬잖아. 완성 못해도 할 수 없어. 머릿속에서 떠나지 않아도 할 수 없어. 이젠 수학 숙제를 시작해야 해."

"이런 기분으로 숙제를 시작해봐야 효율적이지도 않다구요."

"그렇다면 큰 문제구나. 엄마는 지금까지 네가 블록을 좋아하고 소질을 보여서 네가 성장하는 데 도움이 되는 활동이라고 생각해서 지지해줬는데, 고학년이 되어서까지 숙제하는 데 방해가 된다면 생각을 다시 해봐야겠다. 블록 하는 시간에 제한을 둬야겠어. 앞으로 새 블록을 사주는 것도 그만해야겠고."

"그런 게 어디 있어요? 아, 진짜 짜증 나."

좋아하는 일을 못하게 하면 당연히 아이도 부정적인 반응을 보입니다. 하지만 자기 조절력은 바로 그 부정적인 감정을 추스르는 일부터 시작입니다. 그래서 한번 결정을 했다면 강하게 밀어붙이는 모습이 중요합니다. 아이가 숙제를 스스로 하는 습관이 잡힐 때까지는 블록 활동은 제한을 두어야 합니다. 그 과정이 쉽지만은 않겠지만 아이와의 갈등 상황에서 감정이 격해지지 않고 부모가 정한 소신대로 밀고 나가는 모습은 그 자체로 부모의 자기 조절력을 보여주는 훌륭한 교육이 됩니다. 강하지만 단호한 부모의 모습을 통해 아이도 서서히 자신의 생활에 자기 조절력을 키우는 힘을 배우게 됩니다. 블록을 좋아하고 놀라운 집중력을 가진 아이가 이런 자기 조절력까지 갖추게 된다면 이제 집중력에 날개를 달고 학습 영역까지 그 능력을 발휘할 수 있게 될 겁니다.

한 걸음 더

외면할 수도, 가까이 할 수도 없는 아이의 휴대폰, 현명한 기준은 어떻게 잡을까요

휴대폰은 아이를 교육하는 데 뜨거운 감자와 같은 존재입니다. 실제 고학년 교실에서는 70~90퍼센트의 아이들이 휴대폰을 들고 다닙니다. 반면 그 시기까지 부모가 휴대폰을 사주지 않는 아이들도 있습니다. 사실 아이가 휴대폰을 사용하는 것에 대한 생각은 자녀 교육에서 가장 첨예하게 대립하는 영역 중 하나입니다.

기죽지 말라고 어렸을 때부터 부모보다 더 좋은 최신폰으로 사주는 분들이 있는가 하면, 중독될까 봐 걱정되어 휴대폰은 물론 집 안에 TV까지 없애는 분들도 있습니다. 각각의 교육 방식 모두 장점이 있고 나름대로 아이를 위한 행동이라는 것을 알 수 있습니다. 그렇다면 실제 고학년 아이들이 휴대폰을 통해 어떤 삶을 살아가고 있는지, 아이들에게 미치는 효과는 어느 정도인지, 또 어떤 점을 조심해야 아이와의 마찰을 최소화할 수 있는지를 살펴보겠습니다.

첫째, 휴대폰을 현명하게 규제하는 방법

아이들의 휴대폰을 제지할 때는 반드시 그전에 살펴봐야 할 것이 하나 있습니다. 휴대폰을 통해 아이가 무엇을 얻고 있는지를 말이죠. 어른들 눈에는 단순히 게임을 하거나 SNS를 즐기는 것 같지만, 그걸 통해 아이에게 충족되는 심리가 있습니다. SNS는 단순히 휴대폰을 즐기는 차원을 넘어 친구 관계의 중요한 기반과도 같습니다.

윤지를 예로 들어보겠습니다. 밤 10시가 넘어 휴대폰을 못하게 되면 친구들이 밤에 나누는 수다에 동참할 수 없고, 친구가 새벽에 올린 SNS의 상태 글을 확인하지 못하면 아침 인사를 나눌 때 전혀 다른 번지수를 짚을 수도 있습니다. 윤지에게는 휴대폰을 하는 것이 무엇보다도 중요한 일입니다. 밤 10시 이후에 SNS를 하는 친구들이라면 그리 좋은 친구들이 아니니 다른 친구들을 사귀라고 말하고 싶습니다. 하지만 이미 형성된 친구 관계를 바꾸는 일은 쉽지 않습니다. 특히 이 시기의 여자아이들에겐 친구 관계가 목숨보다 중요합니다. 이제 이 부분은 부모가 이길 수 없는 영역인 겁니다. 그렇다고 아이 교육을 포기하라는 것은 아닙니다. 그런 아이의 마음을 충분히 이해해주는 것이 중요합니다.

"휴대폰을 밤늦게까지 쓰는 것이 친구들과 소통에 중요하단 말이지? 그래, 네 마음은 충분히 이해가 가. 그럼 둘 중에 하나를 선택해. 1번. 밤늦게까지 하더라도 아침에 늦잠은 자지 않고 생활에 지장 없게 하기. 2번. 밤 10시 이후에 휴대폰 사용을 금지하는 대신 아침에 30분 정도 시간을 줄 테니 밤에 친구들이 오간 대화 확인하고 학교 가기. 어떤 것을 선택할래?"

무엇이든 아이가 선택하고 나면, 그렇게 적용된 규칙은 강하게 훈육해야 할 영역에 들어갑니다. 말로만 하지 말고 10시 이후에는 휴대폰을 아이의 손에서 떼어놓아야 합니다. 휴대폰을 아침까지 부모 머리맡에 두는 것이 가장 안전합니다. 아이에게 규칙을 적용시키려면 적어도 3개월 정도는 부모도 신경을 쓰고 관리를 해야 합니다. 뒤로 갈수록 흐지부지되는 규칙은 차라리 정하지 않느니만 못합니다. 아이도 그 틈을 파고들어 다음엔 더 쉽게 알겠다고 약속을 하고 또 쉽게 어길 테니까요. 규칙을 정하고 약속을 지키는 것도 부모가 먼저 솔선수범하는 것이 중요합니다. 그러니 아이와 하나의 규칙을 정하고 약속을 했다면 부모도 그 규칙을 관리

할 시간과 에너지를 삶에서 떼어두시는 것이 필요합니다. 그렇게 시간과 에너지를 떼어두고 꾸준히 지속해나가는 것이 고학년 아이들에게 맞는 훈육법입니다.

둘째, 휴대폰을 사주는 좋은 시기

아이들에게 휴대폰을 사주는 가장 적당한 시기는 언제일까요? 정확히 몇 살 때라고 정답이 정해져 있으면 좋겠지만 그럴 수 없는 일이라, 제가 학교에서 본 아이들의 모습을 기준으로 나름대로 답을 정해보겠습니다. 좋으나 싫으나 이제는 휴대폰이 아이들의 삶 속에 깊숙이 들어왔다고 해도 과언이 아닙니다. 아이들은 휴대폰을 통해 어른들보다 훨씬 더 많은 세상을 접합니다. 다수의 친구들이 휴대폰을 가졌는데 나만 없다면 분명 아이가 손해를 보거나 눈에 보이지 않게 소외되는 부분이 생기게 마련입니다. 부모의 철학에 따라 휴대폰을 쥐어주지 않았지만 그러면서 친구들 사이에서 소외되는 경우도 많이 보았습니다. 이때는 휴대폰을 현명하게 통제하는 법을 알아야 합니다. 따라서 학급의 아이들이 70퍼센트 이상 휴대폰을 소유하고 있다면 그때가 휴대폰을 사줄 시기가 아닐까 생각됩니다.

주변의 친구들이 휴대폰을 다 갖고 있는데 혼자만 없게 된 경우 아이들은 크게 두 가지 중 하나의 선택을 하게 되는 것 같습니다. 활달한 성격의 아이들은 친구들의 휴대폰을 능수능란하게 활용하면서 나름대로 부족함 없는 생활을 합니다. 반면, 내성적이고 소심한 성격의 아이들은 그러지 못합니다. 대신 집에서 부모와의 갈등이 시작됩니다.

6학년이지만 아직 휴대폰이 없는 소림이는 집에 오면 부모님을 엄청 반깁니다. 부모와의 사이가 좋아서라기보다는 부모의 휴대폰을 사용할 수 있기 때문입니다. 부모도 아이에게 그것까지 제한하기는 어려워 함께 집에 있는 동안만큼은 부모의 휴대폰을 사용할 수 있게 허락합니다. 문제는 잘 시간이 넘었는데도 휴대폰을 계속 손에 들고 있다는 점입니다.

소림이에게 휴대폰이 없는 것은 친구 관계에도 영향이 있었습니다. 대부분의 여자아이들은 SNS를 통해서 서로 연락을 많이 하는데 가뜩이나 내성적인 성격의 아이가 휴대폰도 없다 보니 자연스럽게 친구 관계에서 소외가 됩니다. 저는 소림이 부모님께 이런 문제들을 이야기하고 차라리 휴대폰을 사주면 어떨까 말씀드렸습니다. 부모님도 친구 문제는 걱정스러워하면서도 집에서도 그렇게 부모 휴대폰에 집착하는 아이인데, 자기 것이 생기면 더 그러지 않을까 걱정이 앞섭니다. 하지만 아이의 집착 행동은 거꾸로 휴대폰이 금지되었기 때문에 더 강해진 행동일 수도 있습니다.

아이들이 살아갈 세상은 점점 더 휴대폰과 밀접한 관련을 맺고 있습니다. 불안한 부모님의 마음은 충분히 이해합니다. 독약을 쥐어주는 것과 마찬가지인 마음도 듭니다. 휴대폰 문제는 민감하고 어려운 문제지만 이미 생활 속의 휴대폰은 우리의 삶과 뗄 수 없는 관계가 되었습니다. 휴대폰을 쥐어주되, 아이와 정확한 규칙을 정하고 휴대폰 사용을 통제하는 방법으로 해법을 찾아가시기를 바랍니다.

· PART 4 ·

단단한 내면의 힘을 위한 사춘기 대화법

소통과 대화의

서로 다른 그림

많은 부모는 아이와 대화하고 소통하는 상황을 아름다운 그림으로 기대합니다. 아이는 부모에게 자신이 힘들었던 일, 속상했던 일들을 허심탄회하게 말하고 부모의 조언을 귀담아 듣고 고개를 끄덕입니다. 또는 서로 웃으며 하루 중 즐거웠던 일들을 친구처럼 나누기도 합니다. 물론 그럴 수 있다면 더할 나위 없이 좋겠지만 제가 현실 속에서 만난 고학년 아이들이 주고받는 부모와 소통하는 모습은 이와는 많이 다른 듯합니다.

요즘 아이들은 과거와는 다르게 삶이 팍팍합니다. 무엇보다 삶 자체가 언제나 경쟁에 내몰리는 상황입니다. 고학년이 되고 중·고등학생이 될수록 이런 현상은 점점 가속화됩니다. 이 상황이 버거운 아이들은 부모에게 힘든 감정을 쏟아내고 싶어 합니다. 유일하게 자신이 믿고 의지하는 상대이니까요. 괜한 일에도 투정을 부리고 삐딱하게 반응하기 일쑤입니다. 혹은 반대로 방문을 쾅 닫아버리고 소통 자체를 거부하기도 합니다. 아이의 두 가지 행동은 비슷해 보이긴 하지만 대처 방법이 조금 다릅니다. 먼저 아이가 투정을 부리고 짜증을 내는 경우엔 그나마 지금까지 부모와의 소통이 나쁘지 않았다는 뜻입니다. 다소 힘들겠지만 아이의 투정을 받아주는 것이 맞습니다. 다 큰 아이가 투정을 부리고 삐딱하다고 해서 경직된 태도를 갖고 말하기 시작하면 그 순간 대화가 단절되기 쉽습니다. 하지만 부모도 사람인지라 언제까지 그걸 다 받아줄 수는 없는 법입니다. 물론 그래서도 안 되고요. 어느 정도 아이를 이해하며 들어주다가 한계를 지어야겠다고 생각할 때 이렇게 말합니다.

"엄마가 35분 동안 들어줬다. 그런데 오늘은 엄마도 힘든 날이라서 에너지가 달린다. 지금부터는 좀 좋게 말해주지 않을래?"

물론 그런다고 해서 아이의 반응이 단번에 달라지지는 않지만 나름대로 아이도 자신의 감정을 조금씩 조절하게 될 겁니다. 그 조절의 첫 순간은 아이가 입을 다무는 것으로 나타납니다. 자신도 미처 깨닫지 못했는데 부모가 좋게 말해 달라고 하니 살짝 기분은 나쁘지만 그렇다고 금방 태도를 바꾸는 것도 어색하여 입을 다무는 것입니다. 이때를 대화 단절로 보지 말고 엄마의 이야기를 시작하는 연결 다리로 활용하는 것이 좋습니다.

"오늘 엄마가 힘든 이유는……."

이렇게 이야기를 이어가면 사춘기 자녀와 소통의 끈을 이어갈 수 있습니다. 비록 그 모습이 상상했던 예쁜 그림은 아닐지라도 말이죠. 이 시기에는 아이들이 바라는 표현 방식이 달라진 것을 이해하고 효과적인 소통 방식을 찾는 것이 중요합니다.

사춘기와
부모의 권위

아이가 사춘기가 되면 가장 먼저 하는 일이 부모의 권위에 도전하는 것입니다. 예전 유교 사회에서는 부모의 권위가 중요했지만 최근 들어 심리학이 발달하고 아이의 인권을 중시하는 사회 풍조에서는 부모의 지나친 권위가 다소 위험한 것으로 받아들여지고 있습니다. 아이를 훈육하고 생활 습관을 잡아주기 위해서 부모 스스로 먼저 이 권위에 대한 생각을 정리하는 것이 중요합니다. 교육에서 가장 좋지 않은 것은 권위가 지나치게 많거나 없는 부모가 아니라 상황에 따라 이랬다저랬다 일관성 없이 권위가 바뀌는 부모니까요.

평소에 어느 정도 부모로서 권위를 갖고 있었는지 궁금하다면 사춘기가 되었을 때 아이가 보이는 반응을 통해 알아볼 수 있습니다. 부모의 권위는 정확하게 측정할 수도 없을뿐더러 아이에 따라 적당한 수준도 다릅니다. 또 부모 스스로 생각하고 있는 정도와 이를 받아들이는 아이가 생각하는 정도에서도 차이를 보입니다. 부모의 권위도 결국은 아이의 교육을 위해 행사하는 것이니 결국은 받아들이는 아이가 어느 정도로 인지하느냐를 그 기준점으로 삼아야 합니다.

그럼 아이의 반응을 통해 나의 권위가 어디쯤 위치해 있는지 알아볼까요? 사춘기가 된 아이가 부모를 무시하는 행동(대답하지 않기, 못 들은 척하기, 부모 가르치려 들기 등)을 자주 한다면 그동안 부모의 권위가 낮았다는 것을 알 수 있습니다. 아마도 이 부모는 아이에게 권위를 부리기보다는 아이를 사랑하고 존중하는 마음으로 대했을 확률이 큽니다. 그런데 아이를 사랑하고 존중하는 마음이 부모를 무시하는 행동으로 돌아올 줄은 몰랐던 것이죠. 그러나 괜찮습니다. 아직 부모에게는 아이에게 행사할 영향력이 남아 있으니까요.

일단은 그전에 먼저 선택을 해야 합니다. 권위가 낮은 부모로 남아 있을 것인가, 아니면 조금 갈등을 겪더라도 아이에게 영향력을 행사할 부모로서 지위를 획득할 것인가에 대한 것입니다. 전자의 경우 장점은 친구 같은 부모로 아이와 좋은 관계를 유지할 수 있지만, 단점은 아이에게 생기는 문제들을 해결해주기 어렵습니다. 학교에서 친구와 싸웠을 때 혹은 학교 폭력의 가해자가 되었을 때조차도 훈육에 어려움을 겪으며 무기력한 부모로 남기 쉽습니다.

제가 보기에 친구 같은 부모도 중요하고 좋지만, 아이가 문제행동을 보일 때조차 친구 같은 부모로만 남아 있는 것은 현명하지 못한 선택으로 여겨집니다. 예전엔 가정 환경이 불우하거나 힘든 상황에서 자란 아이들 중에서 학교 폭력의 가해자가 많았다면 요즘은 아이러니하게도 가정에서 사랑을 듬뿍 받고 부유하게 자란 아이들 중에서도 학교 폭력 가해자가 점점 많아지는 추세입니다. 사랑을 받느라 타인에 대한 배려, 자기감정 조절 등의 훈육을 제대로 받지 못하다 보니 이런 문제들이 생기는 것이 아닌가 생각됩니다. 물론 사랑을 듬뿍 받은 아이라고 해서 모두 이렇게 되는 것은 아니고 그야말로 아이의 기질에 따라 결과는 천차만별이니, 부모로서의 권위 수준도 반드시 아이의 기질을 고려하여 선택할 것을 권해드립니다.

속마음과 표현이 다른 사춘기 아이들

사실 권위가 낮은 부모로 남아 있을 것을 선택하는 부모는 많지 않을 것입니다. 아이가 부모를 무시하는 행동을 하면 기분이 나쁩니다. 아무리 아이 입장에서 이해를 하려고 노력해도 한계가 있습니다. 이때 가장 흔한 부모의 선택은 포기입니다. '저러다 나아지겠지' '사춘기라 그러겠지' 하는 마음으로 애써 고개를 돌리는 것입니다. 이런 선택을 하는 이유 중의 하나는 아이와 겪을 갈등이 두렵기 때문이기도 합니다. 갈등을 겪다 보면 결국 내가 나쁜 부모가 된 것 같은 생각이 들게 되고 상황은 전혀 달라지지 않는 걸 여러 차례 경험 했으니까요.

'포기를 선택하는 것'은 나쁘지 않습니다. 다만 그 포기가 '현실을 외면하고 고개를 돌려버리는 포기'라면 문제가 있습니다. 아이는 그것을 무관심으로 받아들이기 때문입니다. 포기는 하되 시선은 늘 아이에게 두는, 일시적인 관망 정도의 태도를 취하는 것이 적당합니다. 아이에게 뭐라고 잔소리를 하지는 않지만 늘 관심 있는 시선으로 아이를 바라보고 있으면서 아이의 일상을 알고는 있는 것이 중요합니다. 그러다 가끔씩 관심을 표현해주는 것입니다.

"오늘은 기분이 안 좋아 보이네. 체육 수업 있는 날인데 재미있는 것 안 했나 보다."

"오늘 짝 바꾸는 날이지? 부디 행운이 있기를."

질문형보다는 이렇게 혼잣말 비슷하지만 내용에는 아이에 대한 관심이 담긴 표현들이면 적당합니다. 아이가 반응을 보이든 보이지 않든 그것만으로도 충분히 효과를 발휘할 테니 조바심 낼 필요도 없습니다. 사춘기 아이들은 표현과 속마음이 다른 경우가 많습니다. 겉으로는 귀찮다, 관심 꺼라, 내가 알아서 한다, 이렇게 말하지만 정작 정말로 관심을 끄고 내버려두면 또 금세 서운해하며 부정적인 반응을 보입니다. 몸만 컸지 아직은 어린아이인 셈입니다. 그리고 아이들도 압니다. 그들의 표현과 말투가 지나치다는 것을 말이죠. 그러니 평소에 자잘한 것들은 이렇게 받아주다가 정말 중요하게 훈육이 필요한 상황이 오면 강한 권위를 내세워도 됩니다. 그럼 생각보다 아이의 반항이 크지 않음을 느낄 수 있을 겁니다. 부모가 권위를 가지려면 대부분의 시간은 “돼”라고 허용해 주어야 합니다. 그래야 진짜 권위가 필요한 순간에 힘을 발휘할 수 있습니다. 진정한 권위는 그런 것이니까요.

왜 자꾸 아이가 억울하다고 할까

아이의 반응을 통해 부모의 권위를 살펴보는 방법 중 억울함을 호소하는 경우를 살펴보겠습니다.

억울하다고 자주 말하는 아이들 중에는 그동안 부모의 권위가 높았던 경우가 많이 있습니다. 단, 여기서 주의할 점이 있습니다. 억울함을 호소하는 경우도 두 가지 유형이 있기 때문입니다.

첫 번째는 부모의 권위에 눌려 그동안 하지 못했던 말들을 사춘기가 되어 감정이 격해지면서 풀어놓는 경우입니다. 당연히 이 경우엔 부모가 권위를 좀 내려놓아야 합니다. “안 돼”라고 말하기보다 먼저 아이의 감정을 수용해주는 것에 초점을 맞추는 것이 좋습니다. “안 돼”는 아이가 감정이 풀리고 나서 나중에 차분히 설명하며 이해시켜도 늦지 않으니까요.

두 번째는 전혀 반대 상황으로, 부모는 권위가 없었는데도 자주 억울하다고 말하는 아이도 있습니다. 이 경우는 부모가 아이로부터 억울하다는 말을 들었을 때 즉각적으로 잘 반응하여 아이의 요구를 들어준 경우입니다. 영민한 아이가 부모가 가진, '억울하게 만들지 않고 공평하게 아이를 키워야지' 하는 마음을 잘 파악하고 그 부분을 자꾸만 공략한 경우에 해당합니다.

제가 담임을 맡았던 선영이가 여기에 해당했습니다. 학기 초 가정환경조사서의 선생님께 바라는 점에도 '오빠와 남동생에 치여 평소 차별받고 억울하다는 마음을 자주 갖는 아이입니다. 학교에서도 아이가 차별받거나 억울한 상황이 없도록 배려해주시면 좋겠습니다'라고 적어 놓을 정도로 선영이의 부모님도 아이의 억울한 감정을 잘 알고 노력하고 있었습니다. 그런 메모를 받은 저도 각별히 아이의 억울한 감정을 신경 쓰게 되는 것은 당연했습니다.

그런데 신기하게도 저도 부모님도 선영이가 억울하지 않게 노력을 하였건만 시간이 지날수록 선영이는 우리 반에서 가장 많은 억울함을 호소하는 아이로 변하고 있었습니다. 상황은 늘 사소한 문제로 시작했습니다. 자신이 짝으로 앉고 싶은 친구가 다른 친구와 앉고 싶어 한다, 내가 오늘 입고 온 옷이 이상하다고 다른 친구들이 흉을 보는 것 같다, 내가 그린 그림이 이상하다고 친구가 비웃었다 등등. 저는 그때마다 억울한 상황이 생기지 않게 해당 아이들과 대화를 해보았지만 이야기를 듣다 보면 오히려 친구들이 억울한 상황이 더 많았습니다. 결국 시간이 지날수록 스트레스를 받는 쪽은 같은 반 친구들이었고, 2학기가 되자 이제 상황은 진짜로 아이들이 선영이만 싫어하는 상황이 되고 말았습니다. 급기야 선영이는 울면서 부모님에게 반 아이들이 자기만 미워한다고 말했고, 아이의 말을 들은 선영이 부모님은 담임 선생님인 저에게도 화가 났습니다. 분명 학기 초에 그 점을 가장 잘 부탁드린다고 말씀드렸는데 결국 또 이렇게 우리 아이만 억울하게 당하는 상황이 되었으니까요.

제가 만나본 선영이의 부모님은 아들 딸 구별 없이 세 아이를 모두 공평하게 키우고자 하는 의지가 강한 분이었습니다. 그런데 하나 있는 딸이 자꾸 억울하다고 말하니 너무 괴로운 심정이었고 어떻게든 아이의 억울함을 해결해주고자 노력하셨던 겁니다. 그런데 제가 보기엔 그렇게 노력하는 부모의 마음을 선영이가 이용하고 있는 것이 아닌가 생각되었습니다. 선영이의 부모님은 권위가 강한 분들이 아니었습니다. 오히려 평소에도 아이들을 똑같이 훈육하려는 때가 많았는데, 선영이가 부모의 이런 마음을 공략했던 것이죠.

말을 하지 않는 아이도 억울하다고 말하는 아이와 비슷한 경우에 해당합니다. 기질이 다소 강한 아이들이 억울함을 호소하는 방법을 선택한다면 기질이 약한 아이들은 주로 말을 하지 않는 방법을 선택합니다. 물어도 말을 하지 않는 아이들 중엔 그동안 부모의 권위가 높았다고 생각하는 경우가 많이 있습니다. 하지만 이 경우도 두 가지 맥락으로 파악해보아야 합니다.

첫 번째는 부모의 권위에 눌려 '어차피 말해봤자 소용없을 거야. 내 말을 안 들어주실 거니까'라고 생각하고 아예 입을 닫아버리는 경우입니다. 사실 이 경우는 억울함을 호소하는 아이보다 조금 더 힘이 듭니다. 마음의 문이 더 단단하게 잠겨 있는 경우가 많기 때문입니다. 이럴 때 오히려 너무 세게 문을 두드리면 역효과가 나기 쉽습니다. '지금은 말하고 싶지 않구나'라고 아이의 마음을 수용해주고 기다리는 것이 좋습니다. 그러다 혹시 아이의 마음이 읽혀질 때가 있으면 슬쩍 아이가 원하는 것을 행동으로 보여주는 것도 좋은 방법입니다. 그리고 "이제는 네가 컸으니까 엄마가 더 이상 이래라 저래라 하지 않을게. 네가 원하는 대로 해도 돼"라며 부모의 권위를 부모 쪽에서 먼저 내려놓아주는 것도 소통의 방법이 됩니다.

두 번째는 전혀 반대 상황으로, 부모에게 권위가 없었는데도 말을 안 하는 방법을 통해 자신에게 유리한 상황을 만드는 경우입니다. 이 경우는 부모가 아이와의 소통을 가장 중요하게 생각하고 공을 들이는 경우로, 아이는 부모의 그 마음을 잘 알아 약한 부분을 공략한 후, 상황의 주도권을 자신이 잡으려고 합니다.

이런 경우는 주위에서 다소 흔한 편입니다. 학교에서 돌아온 아이가 어두운 표정으로 말을 하지 않습니다. 입맛이 없어 밥도 먹지 않겠다고 합니다. 걱정이 된 부모는 이것저것 물어봅니다. 학교에서 친구와 싸웠냐, 선생님께 혼났냐, 속상한 일이 있었냐 등 아무리 물어도 답을 안 하니 부모는 답답하기만 합니다. 그저 아이 얼굴만 쳐다보고 신경을 쓰고 있는 상황입니다. 아이는 그제서야 모기만 한 소리로 답을 합니다. 학교에서 자리를 바꿨는데 짝이 마음에 안 든다고 합니다. 아이가 밥을 안 먹을 정도이니 얼마나 속상할까 싶어 부모는 선생님께 전화를 해 양해를 구하고 결국 아이는 다음 날 원하는 짝과 앉게 되었습니다. 이 부모 또한 권위는 전혀 없는 경우입니다. 아이의 마음을 이해하고 감정을 수용하기 위해 최선을 다하는 부모이긴 하지만 아이는 그런 부모의 마음을 잘 알고 본인에게 유리한 상황으로 만든 것이니까요.

부모로서
건강하고 지혜로운 권위 갖는 법

아이 앞에서 권위를 모두 내려놓는 것이 쉬운 일은 아닙니다. 자칫 부모로서 마땅히 해야 할 역할까지 내려놓으라는 말로 들리기 쉽습니다. 하지만 권위를 내려놓는 것과 부모로서 역할을 내려놓는 것은 전혀 다른 문제입니다. 경석이를 통해 저는 이 차이를 배울 수 있었습니다.

경석이는 수업 시간에 딴짓을 자주하는 아이였습니다. 그날도 풀어야 할 문제를 풀지 않고 있어서 아이에게 잔소리를 했습니다.

"다른 친구들도 다 풀고 있는데 혼자 놀고 있으면 어떻게 해. 빨리 풀어."

"아, 진짜 하기 싫다고요. 그냥 차라리 빵점 주세요. 빵점!"

아이는 '빵점'에 힘을 주어 말합니다. 문제는 풀기 싫은데 선생님이 자꾸 하라고 하니 안 하면 어떻게 되지? 생각해봤습니다. 선생님이 가진 권위라야 뭤자, 시험 점수 주는 거라는 생각이 듭니다. 그럼 그걸 포기하면 되겠네 싶어 당당하게 빵점을 달라고 외친 것입니다. 그렇게 당당하게 교사의 권위에 반항을 하고 나왔습니다. 이때 저는 아이가 협상의 카드로 걸고 나온 교사의 권위를 스스로 내려놓기로 합니다.

"시험 점수는 선생님이 알아서 줄 거고. 이 시간에 너에게 문제를 가르쳐주는 것이 내가 지금 할 일이니까 선생님도 일은 해야지. 선생님도 월급 받고 일하는데 양심상 너를 그냥 둘 수가 없다."

제가 교사로서 어른으로서 권위로 눌러 공부를 시키려는 것이 아니고, 한 사람의 인간으로서 주어진 일을 열심히 하고 있는 것뿐이라고 설명한 것입니다. 이미 이 아이는 사춘기가 되면서 자신을 하나의 인격체로 인지하게 되었고, 자신에 대해 인지하게 되면서 동시에 타인도 보이기 시작했을 겁니다. 이때 타인은 부모와 교사를 포함한 어른까지 포함됩니다. 아이일 때는 한없이 커 보이고 높은 존재로 느껴졌던 어른들이 이제는 하나의 인격체로 느껴지기 시작하면서 당차게 그들에 대한 도전장을 내던져보는 것입니다. 그러니 저도 아이보다 크고 힘 있는 어른으로서 아이를 대하던 자세를 내려놓고 아이와 똑같은 인격체로서 내려섰던 것입니다. 그러자면 내가 지금 하고 있는 일에 대한 저의 입장을 설명할 수밖에 없었던 것이죠.

아이는 잠시 당황합니다. 대부분의 어른들은 권위를 건드리면 화를 내면서 감정적으로 변하기 때문입니다. 사춘기 아이들은 때로 어른들의 권위를 건드려보고 어른들이 화를 내는 것을 속으로 즐기기도 합니다. 겉으로는 더 잔소리를 듣고 야단을 맞는 모양새이지만 아무것도 아닌 말에 발끈하는 어른의 모습에 아이들도 속으로 코웃음을 칩니다. 예상했던 전략이 먹히지 않아 당황하던 아이는 곧 한마디를 더 내뱉습니다.

"아, 교장 선생님한테 그냥 잘 가르쳤다고 뻥 치세요!"

아이의 반응에 저도 지지 않고 맞섭니다.

"물론 그런 방법도 있지. 그런데 선생님은 인생을 꽤 양심적으로 살려고 노력하는 사람이야. 거짓말은 선생님 가치관에 맞지 않아서 말이야. 그러니 쉬는 시간 종 치기 전까진 너를 가르치는 데 최선을 다할 생각이야."

아이는 그제서야 졌다는 표정이 되었습니다. 제 쪽에서 먼저 권위의 모자를 내려놓고 인간 대 인간으로 각자의 역할에 대해 이야기를 하자 아이도 할 말이 없어진 것입니다. 더구나 여기엔 아이에 대한 어떤 비난도 담겨 있지 않았습니다. 그렇다고 아이가 금방 고분고분해지는 것은 아닙니다. 말로는 짜증을 내면서도 주섬주섬 덮었던 교과서를 다시 펼칩니다. 그 순간을 놓치지 않는 것이 중요합니다.

"그래, 모르는 문제를 풀려면 막연하고 답답하지. 그럼 여기 내가 동그라미 친 문제들부터 먼저 풀어봐. 그건 쉬우니까 할 수 있을 거야. 그것만 풀면 쉴 수 있게 해줄게."

아이가 하지 않겠다고 한 이유에는 반항심도 있지만 정말 할 줄 몰라서 막연한 마음도 있었을 겁니다. 과제의 양을 줄여줌으로써 아이에게 있는 마음의 부담을 좀 덜어주었습니다. 그랬더니 씩씩대면서도 연필을 들고 문제를 풀기 시작했습니다. 중요한 것은 그 다음 아이의 변화였습니다.

"선생님, 제가 오늘은 숙제를 해오려고 했는데, 어제 일이 있어서 못했어요."

아이는 제가 벗었던 권위의 모자를 제게 다시 씌워주었습니다. 태도 또한 훨씬 공손해졌습니다. 물론 그렇다고 수업을 열심히 하는 것은 아니었지만 적어도 딴짓을 하다 걸리면 전처럼 반항하지 않고 미안한 표정을 지어 보였습니다.

대다수의 경우, 부모의 권위는 아이에게 공부를 시키는 과정에서 충돌합니다. 아이들은 머리가 커 갈수록 "그러는 엄마는 뭐 공부 잘했냐고" 되물으며 반항을 하기도 합니다. 이럴 때 다른 말보다는 엄마 아빠도 현재 하루의 대부분을 주어진 역할에 충실하며 보내며 열심히 살고 있다, 네게 지금 주어진 역할은 학생으로 공부를 하는 것이다, 결과는 중요하지 않다, 적어도 그 과정에서 열심히 최선을 다하는 것은 필요하다고 설득해야 합니다. 이 말들은 부모의 권위를 내세우는 것도, 아이를 비난하는 것도 아니므로 그나마 가장 현실적이고 긍정적인 방법인 셈입니다.

영역에 따른 선택적 권위

권위는 지나치게 높아도 문제가 되지만, 너무 낮아도 문제가 됩니다. 내 아이를 건강하게 키우고 훈육할 수 있는 권위를 갖기 위해서는 적정한 수준을 유지하는 것이 중요합니다. 그런데 그게 생각만큼 쉽지 않습니다. 권위의 수준을 그때그때 정하기보다는 부모로서 권위를 내세울 영역과 그렇지 않을 영역을 구분하는 방법이 있습니다. 이 기준은 물론 정답이 정해진 것은 아닙니다. 다만 현장에서 많은 아이들과 부모들을 경험하면서 여럿이 다 함께 살아가는 사회를 만들고 그 속에서 우리 아이들이 모두 건강하게 자라려면 이 정도 수준의 훈육은 되어야겠다는 기준에서 정한 구분임을 미리 말씀드립니다.

첫 번째, 부모로서 권위를 가장 높게 내세워 훈육을 해야 할 부분은 '타인 존중'의 영역입니다. 타인을 때리거나, 학교 폭력을 가하거나, 타인의 감정을 거스르고 자기감정만 우선시하여 갈등이 생겼을 때는 무조건 안 된다고 가르쳐야 합니다. 이 부분에서 권위를 제대로 내세우지 못하고 아이의 말에 끌려 다니게 되면 결국 가장 손해를 보는 것은 우리 아이가 됩니다. 제대로 된 훈육의 기회를 잃게 되는 것이니까요.

그런데 여기도 예외는 있습니다. 아이들 중에는 그저 장난으로 사소한 나쁜 행동들을 즐기는 경우도 있습니다. 자기도 모르게 튀어나온 나쁜 말, 동생을 놀리기 위해 하는 나쁜 행동, 어른스러움을 가장하기 위해 하는 버릇없는 행동 등 부모 눈에는 거슬리더라도 적당히 넘어가줄 수 있는 사소한 행동들은 어느 정도 허용해주는 것이 중요합니다. 진짜 권위가 효력을 발휘하기 위해서는 생활의 많은 영역에서 '허용'이 우선시되어야 하는 것이 중요합니다.

그럼 버릇없는 행동, 나쁜 입버릇 등은 어떻게 고칠까요? 그건 권위를 내세워 훈육할 영역이 아니라 보상과 칭찬 스티커 제도를 통해 얼마든지 바꿀 수 있습니다. 하루 종일 특정의 나쁜 단어를 말하지 않거나 특정 나쁜 행동을 하지 않으면 보상을 해주는 것입니다. 아이가 좋아하는 컴퓨터 게임 시간으로 보상을 할 수도 있고 용돈으로 보상을 할 수도 있습니다. 중요한 것은 나쁜 말, 나쁜 행동으로 뭉뚱그려 정하면 나중에 분쟁의 소지만 있으므로 특정 단어와 특정 행동을 아주 구체적으로 정하고 그 하나하나에 따로 보상을 정하는 것이 효과가 있습니다.

두 번째, 부모의 권위를 내세우면 안 되는 영역에는 '아이의 주관적 감정과 논리적 사고'에 대한 영역이 있습니다. 이 영역은 부모가 권위를 내세우고 가르치려고 하면 할수록 아이의 성장에 방해가 됩니다.

사춘기가 되면 아이들은 감정이 폭발함과 동시에 생각하고 인지하는 방식도 다양해집니다. 그러나 이 생각들이 아주 서툴고 일차원적이라 말이 되지 않을 때도 많습니다. 벌써 6학년이나 된 녀석이 저렇게 말도 안 되는 소리를 하다니 싶어 참을 수 없어질 때도 있습니다. 하지만 그 순간 부모의 생각이 들어가게 되면 아이는 또 다시 자신의 생각보다는 부모의 생각을 받아들이는 자세를 취하게 됩니다. 스스로의 논리를 세우는 연습의 기회를 놓치게 되니, 자신만의 논리를 키우지는 못하고 자기 생각이 없어지는 아이로 남아 있게 됩니다.

앞서 설명한 자기 효능감이 지나치게 높은 아이였던 석훈이가 바로 여기에 해당됩니다. 석훈이 부모님은 어렸을 때부터 아이에게 올바른 가치관을 갖게 하고 싶었습니다. 석훈이가 어린 동생들에게 모범이 되었으면 하는 마음도 컸습니다. 그래서 어떤 일이든지 항상 아이 앞에서는 모범을 보이려고 노력하며 살았습니다. 집에 택배가 잘못 배달되어 왔을 때도 사실 나 몰라라 할 수도 있는 일이었지만, 택배를 기다리고 있을 진짜 주인의 마음과 이 일로 난처하게 될 택배 기사님의 입장을 설명해주면서 아이와 함께 택배 주인을 찾아주는 일을 함께하기도 했습니다. 아이도 그런 부모가 자랑스러웠습니다. 그러다 보니 생활의 사소한 일에서도 부모님께 어떻게 할지 물어보고 그 말대로 따라왔던 것입니다. 어찌 보면 가장 이상적인 가정 교육입니다. 반듯하게 자란 석훈이를 부러워하는 사람들도 많았습니다.

하지만 교사인 제 눈에는 그런 석훈이의 반대쪽 모습도 함께 보였습니다. 무엇이든 먼저 참고 자신보다는 타인을 배려하는 모습, 이런 모습은 급기야 자신의 생각을 펼치며 논리를 주장해야 하는 상황에서 문제를 보였습니다.

그런 점을 눈여겨보고 저는 수업 시간에 석훈이가 그저 바람직한 모습이 아닌 자기만의 목소리를 낼 수 있도록 어떤 말을 하든 귀 기울여 들어주고 "아, 그렇게 생각했구나" 하며 맞장구를 쳐주었습니다. 그렇게 몇 개월이 흐르자 석훈이도 제법 자신의 생각을 소리 높여 말하는 일들이 많아졌습니다. 물론 다른 부작용이 생기기도 했습니다. 그동안 눌러왔던 감정이 터져나와 한번 봇물이 터져서 이야기가 쏟아지면 도무지 그칠 줄을 모른다는 것이었습니다. 저는 괴로움을 애써 참으며 말합니다.

"그래, 석훈아. 알겠어. 그런데 지금은 수업 시간이니까 나중에 말하자. 응?"

"네, 그런데 진짜 이거 이상하지 않으세요? 선생님?"

이렇게 아이들을 성장시키는 데는 때로 많은 인내심을 필요로 할 때가 있습니다. 특히 석훈이처럼 어렸을 때 쫑알쫑알 말하면서 풀었어야 할 일들을 지금에서야 하려니, 다 큰 녀석이 퇴행 행동을 하는 것처럼 느껴져 받아주기 어렵기도 합니다. 하지만 어느 정도 시간이 지나면 녀석이 달라질 것을 알기에 믿고 기다려주었습니다. 퇴행 행동은 점차 줄어들었고 석훈이를 통해 적절한 자기감정의 표출이 얼마나 중요한지도 깨달을 수 있었습니다.

아이의 격한 감정에 대처하기

부모님들이 아이들과의 소통에서 가장 힘들어하는 부분 중 하나가 바로 강한 감정의 표현입니다. 어느 날부터 아이는 그냥 아니다, 싫다 하면 될 것을 짜증을 부리거나 화를 내면서 전에 없이 강한 감정을 표현합니다. 그런 아이의 감정을 대하고 있다 보면 아이가 나를 무시하나 하는 생각도 들고, 도대체 속마음을 모르겠어서 답답하기도 합니다. 대부분 이런 감정의 대립이 싫어서 피하다 보니 아이와의 소통이 점점 소원해지기도 합니다.

현장에서 아이들을 접하면서 느낀 사춘기 아이들의 격한 감정 표현에 대해 부모들이 알아두면 좋을 몇 가지 관점들을 좀 더 살펴보겠습니다.

"아, 짜증 나!"

아침 등교 시간, 가방을 챙기는 아이의 감정이 거칠기만 합니다. 좀 전엔 필통을 코앞에 두고 어디 갔냐고 짜증을 부리더니, 이제는 입을 옷이 없다고 투덜댑니다. 보다 못해 직접 나서서 입을 옷을 골라줍니다. 그랬더니 이번엔 소매가 불편하다, 그건 너무 덥다면서 옷을 골라주는 족족 퇴짜를 놓습니다. 정말 아침부터 짜증 지수가 제대로 올라갑니다. 그래도 아침부터 학교 가는 아이의 기분을 상하게 하고 싶지 않아 참고 참습니다. 살살 달래면 될까 싶어 어르고 달래도 봅니다.

"아, 빨래 안 했어? 나 흰 티 입으려고 했단 말이야."

이 말 한마디에 결국 부모도 터져버리고 맙니다.

"흰 티를 입고 싶었으면 어제 미리 빨아 달라고 말을 하든가. 갑자기 아침에 그러면 어떻게 해."

결국 아침부터 참고 참았던 노력도 헛되이 날아가고, 아이는 울면서 학교를 갑니다. 그 뒷모습을 보는 부모의 마음도 돌덩이를 멘 기분입니다. 흰 티를 서너 개 더 사 놓으면 이런 갈등이 해결될까요?

아이와의 갈등은 표면적으로는 흰 티가 문제처럼 보이지만 사실 그게 100퍼센트 원인은 아닙니다. 흰 티를 넉넉하게 사 놓은 후엔 아마 또 다른 것으로 갈등을 겪게 될 겁니다. 어쩌면 이날 아이는 전날 저녁에 늦게 자서 피곤했을 수도 있고, 학교에 가면 부담되는 일이 기다리고 있을지도 모릅니다. 전날 영어 선생님께 꾸중을 들었는데 오늘이 영어 수업이 있는 날일 수도 있고, 수학 단원평가 시험이 있어서 불안했을지도 모릅니다. 뒤에 앉은 짝이 며칠 전부터 자꾸 시비를 걸어와 학교 갈려니 그 생각에 또 머리가 아팠을지도 모릅니다.

그럼 왜 그런 이야기를 직접 하지 않고 흰 티 타령을 하는 걸까요? 그건 아이도 자기가 왜 그러는지 자신의 감정을 모르기 때문입니다. 자신이 지금 왜 화가 나는지, 짜증이 나는지, 불안한지 아는 것은 쉬운 일이 아닙니다. 특히 감정에 빠져 있을 때는 더군다나 인지하기 어렵습니다. 원인은 모르겠는데 불안하고 화나고 짜증 나는 감정은 분명 존재합니다. 아니 매우 선명하고 강하기까지 합니다. 그런데 이 감정을 풀기 가장 쉬운 상대는 부모일 수밖에 없습니다. 학교 가서 친구에게 풀었다간 학교 폭력이 될 테고 선생님한테 풀거나 동생에게 풀 수도 없는 노릇입니다. 그런 의미에서 어쩌면 부모에게 푸는 것이 가장 안전하겠구나 생각하는 것이 맞습니다. 또 부모에게 푼다는 것은 아이에게 내가 그만큼 안전한 대상으로 인식되고 있다는 뜻이기도 하니까 긍정적인 의미도 담겨 있습니다. 그런데 그렇다고 해도 아이의 감정을 그대로 받아주는 것은 힘든 일입니다.

저도 학교에서 수많은 아이들의 감정을 받아주고 집에서도 자녀의 사춘기를 겪다 보니 어떤 때는 감정의 쓰레기통이 되어버리는 느낌도 들었습니다. 그러다 어느 날 한 가지를 깨닫게 되었습니다. 제가 아이의 감정을 받아줄 때 힘든 이유 중 하나가 문제를 해결해줘야 한다는 책임감을 갖고 있기 때문인 것을 알았던 것입니다. 아이가 뭐라고 하든 그 문제를 저도 함께 고민하고 아이 입장에서 어떻게 해결하면 좋을지 고민해주다 보니까 힘들었던 것이죠. 더구나 퍼붓는 아이 감정을 참아내면서 한편으로는 해결 방법까지 고민해주고 있는데, 아이가 어느 순간 그 비난의 화살을 저에게 쏟을 때면 결국 참지 못하고 폭발하고 말았습니다. 부모나 교사도 사람인지라 어쩌면 당연한 일입니다. 사춘기 아이들의 감정 폭발이 그들의 잘못이 아니라고 해서 부모나 교사가 무조건 참고 인내해야 한다는 뜻은 아닙니다.

그럼 어떻게 해야 할까요? 문제의 해답은 아이들이 쏟아내는 감정에 있었습니다. 감정은 순간적인 것입니다. 그 순간이 지나면 해소되어 스르륵 사라지기도 합니다. 그런데 저는 이미 지나가버린 아이의 감정을 계속 붙잡고 있었던 겁니다. 바로 문제를 해결해주려는 책임감 때문이었습니다. 그래서 저도 아이처럼 그 순간의 감정에만 충실하기로 했습니다. 아이가 감정을 쏟아내면, 받아주고 수용해주고 맞장구쳐주고 함께 화도 내줍니다. 그리고 그 순간이 지나면 저도 그 일을 남겨두지 않는 것입니다. 그럼 문제는 어떻게 해결될 수 있을까요? 다음에 또 반복될지 모를 일인데 말입니다.

그런데 참 신기한 일이 생겼습니다. 제가 그렇게 아이의 감정을 받아주는 것에만 충실하자 신기하게도 아이가 가졌던 문제도 자연스럽게 해결되는 것이었습니다. 영어 시간에 혼나서 학교 가기 싫다던 아이와 몰래 영어 선생님 흉을 실컷 봐줬더니 어느 순간부터 투덜거림이 스르륵 사라졌습니다. "요즘은 영어 시간에 괜찮아?" 물었더니 "응, 뭐가?"라고 되묻습니다. 언제 영어 시간이 안 괜찮다고 한 적이 있었나 하는 표정입니다. 속으로는 참 기가 막히면서도 다행이다 싶기도 합니다.

아이들의 문제는 사실 이렇게 스르륵 해결되는 일이 많습니다. 아마도 아이는 아침에 엄마와 함께 영어 선생님 흉을 본 것이 힘이 되어서 영어 시간에 좀 더 자신감을 회복했을지도 모릅니다. 그 자신감이 영어 선생님께는 또 긍정적인 모습으로 비쳐져서 순기능을 가져왔을 수도 있습니다. 아이의 감정 표현은 대부분 부모에게 자기 마음을 들어달라는 의미가 담겨 있을 때가 많습니다. 하지만 듣는 부모 입장에서는 아이가 도움을 요청하는 것으로 들립니다. 물론 부모의 도움이 꼭 필요한 일들도 있겠지만, 학교에서 일어나는 많은 일들은 아이 스스로 해결할 수 있는 일들입니다. 또 그래야만 아이가 성장할 수 있습니다. 그러니 이제부터는 아이가 쏟아내는 감정을 조금 다른 의미로 볼 수 있는 힘을 길러보시길 바랍니다.

담담하게 무시할 수 있는
힘

모든 아이들이 그렇지는 않지만 감당 못할 거친 감정을 쏟아내는 아이들이 있습니다. 어른들을 공격해보고 싶은 마음이 담겨 있는 경우일 수 있습니다. 사춘기의 인격적인 대우를 원하는 단계를 넘어 부모나 교사보다 위에 있고 싶어 하는 마음이 작동합니다. 겉으로는 순수해 보이는 아직 어린 아이들에게 이런 마음이 있다고 말하는 것 자체가 저도 조금 부담스럽긴 합니다. 하지만 고학년 자녀들을 키우신 분들이나 아이를 가깝게 대하는 직업을 가진 분들 중에는 제 말에 공감해주시는 분들이 많았습니다. 사실 이런 아이들이야말로 부모나 교사의 훈육이 매우 필요합니다. 그런 의미에서 저도 용기를 내어 이야기를 이어가보겠습니다.

"학원 갈 시간이다. 전에는 엄마가 말해도 휴대폰에서 눈을 떼지 않더니 오늘은 손에서 휴대폰을 놓았네."

엄마의 말에 아이는 이렇게 답합니다.

"네, 하라는 대로 했어요. 자, 그럼 됐죠?"

갑자기 화가 치밀어 오릅니다. 휴대폰을 더 이상 보지 않는다는 작은 칭찬에 아이가 오히려 역공을 펼치고 있으니까요. 분명 부모가 아이를 여러 번 참아주었고 격려하고 칭찬하기 등 긍정적인 의도가 더 많이 담긴 대화를 했음에도 불구하고 여전히 아이가 삐딱하게 나온다면 이런 아이에게는 특별 보충이 필요합니다. 이 유형의 아이에게는 부모의 권위를 다시 쓰는 것이 맞습니다. 대부분 이런 경우는 부모가 너무 빨리 권위를 내려놓은 것이 원인일 때가 많기 때문입니다. 이제는 진정으로 화를 내야 하는 때입니다.

"지금 뭐라고 했어? 유치원생도 아니고 지금 엄마와 말장난하자는 거야? 엄마가 휴대폰 내려놓은 걸 잘했다고 말한 게, 진짜 그것만 하라는 뜻이라고 생각한 거야? 엄마는 여태껏 너를 인격적으로 대우해줬는데 아직 성장이 안 된 아이에게 무리한 대우를 해줬구나. 엄마가 잘못했네, 우리 아이 수준이 이 정도인지 모르고. 그럼 지금부터라도 다시 저학년 수준으로 내려서 대해야겠어. 자, 학원 갈 시간이야, 빨리 옷 입고 나와. 엄마 말 안 들으면 휴대폰 금지야."

화는 났지만 감정에 휩싸이지 않고 매우 단호한 태도로 말하는 것이 중요합니다. 이런 순간 아이들에게서 흔하게 나오는 반격은 부모의 말실수로 꼬투리를 잡는 것입니다.

"휴대폰 금지하면 아이들과 숙제 때문에 연락하는 건 어떻게 해요?"

이럴 땐 당장 답변하려고 하지 않아도 됩니다.

"그건 나중에 엄마가 더 생각해보고 알아서 할 거야. 지금은 네가 학원 갈 준비를 하는 것이 더 중요해. 빨리 일어나!"

비슷한 맥락으로 아이가 부모에게 심한 말을 하는 경우도 있습니다. 욕을 하거나 부모의 가장 약한 부분을 공격하며 속상해할 만한 말을 하기도 합니다. 아이의 어떤 말에 가슴이 무너져내린 경험이 있다면 혹시 아이의 공격이 아니었을까 되짚어보는 것이 좋습니다. 더 이상 반격이 안 통한 아이는 일어나 옷을 입습니다. 그런데 순간, 내가 잘못 들은 걸까? 분명 욕하는 소리가 들린 것 같습니다.

"뭐야? 지금 엄마한테 욕한 거야?"

"아니, 혼잣말한 거예요."

"그래, 지금은 네가 속상한 마음이니 그러고도 싶겠지. 하지만 다음부터는 엄마 안 들리는 곳에서 해라. 아무리 혼잣말이라도 엄마 들리게 하면 그땐 가만히 안 둔다! 우리 서로 그 정도 매너는 지키고 살자!"

사춘기, 특히 남자아이들이 욕을 하는 것은 흔한 일상입니다. 학교에서도 아무리 제지를 시켜도 아이들 입에서 저도 모르게 툭 튀어나오곤 합니다. 자기들끼리 이야기하는 것을 들어보면 절반이

욕설로 채워지는 경우도 많습니다. 물론 욕을 하는 것은 나쁜 행동이지만 이것이 그들의 또래 관계에서는 중요한 의미를 갖기도 합니다. 약해 보이지 않고 세 보이려는 기 싸움의 하나인 셈입니다. 따라서 무조건 못하게 하기보다는 때와 장소를 가릴 수 있도록 하는 데 더 교육의 포인트를 두는 것이 좋습니다.

"욕하는 것이 나쁘다는 것을 너도 알고 있을 테니 다른 말은 않겠어. 화가 나서 너도 모르게 튀어나왔겠지. 하지만 엄마도 그런 말 듣는 것은 기분 나쁘다. 그러니 안 들리는 곳에서 해라" 정도의 의미를 담은 대화를 하는 것입니다. 이런 대화가 효과가 있는 것은 두 가지 이유 때문입니다. 첫째, 기분 나쁘라고 슬쩍 욕을 했는데 상대가 당황하지 않고 당당하게 대응하니 공격 의도가 먹히지 않은 것입니다. 둘째, 하지 말라는 것이 아니라 때와 장소를 가리라고 한 말에는 아이를 인격적으로 대우하면서 너에게 그 정도의 분별력이 있다는 걸 믿는다는 마음이 담겨 있으므로 아이도 좀 더 어른스럽게 대처하게 되는 것입니다.

자녀의 성장은 부모에게도 더 큰 성장을 요구하는 것 같습니다. 사춘기 아이들의 변화무쌍한 말과 행동들에 화를 내지 않고 담담하게 무시할 수 있는 힘을 갖추는 것도 그중 하나가 될 것입니다. 부모의 성장은 자녀에게도 좋은 본보기가 되기 마련입니다.

그런 의미에서 좀 더 힘을 내어 자녀와의 대화를 이끌어가시길 바랍니다.

제일 중요한 것은 건드리지 않는다

아이들을 대하면서 또 하나 중요하게 깨닫게 된 것은 아이에게 진짜 중요한 것은 건드리지 말아야 한다는 겁니다. 이것을 건드렸을 때 터져 나오는 아이의 감정은 걷잡을 수 없고 부모라고 해서 절대 꺾을 수도 없습니다. 사춘기가 되었다는 것은 아이도 하나의 인격체로서 성장했다는 뜻입니다. 그 나름대로 중요한 것이 생기고 자존심도 생기고 지키고 싶은 그 무엇도 생겼다는 뜻인 것이죠. 부모라고 해서 그걸 함부로 대할 수 없습니다. 그 중요한 것이 무엇일까요? 그건 아이에 따라 천차만별로 다릅니다. 그럼 우리 반 아이들을 예로 들어보겠습니다.

정은이는 아이돌을 좋아합니다. 평소에는 얌전하고 내성적인 성격이지만 자신이 좋아하는 아이돌 이야기를 할 때만큼은 눈을 반짝이며 활기가 넘칩니다. 정은이를 가르쳤던 1년 중 아이가 유일하게 화를 냈던 적이 있는데 다른 친구가 정은이가 좋아하는 아이돌에 대해 험담을 했을 때입니다. 정은이는 하늘이 무너져라 펑펑 울며 아니라고 항변하면서 다시는 그 친구와 말도 섞지 않았습니다. 정은이에게 그런 면이 있는 줄은 저도 처음 알았습니다. 이성에 눈을 뜨는 사춘기 아이들이 유명 아이돌을 대하는 마음은 어른들이 쉽게 생각하고 가볍게 여기면 안 될 정도로 매우 강한 감정입니다. 때론 그 마음이 아이가 현실을 살아가게 하는 힘이 되어주기도 하기 때문에 조심해야 할 부분입니다.

현봄이는 신체검사를 하던 날 갑자기 옆의 친구와 주먹다짐을 하며 싸웠습니다. 맞은 친구는 현봄이가 먼저 공격했다고 하고, 현봄이는 말도 못하고 씩씩대며 울기만 합니다. 아이를 진정시키고 나중에 자초지종을 물어보니 현봄이가 몸무게를 잴 때 그 친구가 보고 웃었다는 겁니다. 평소 덩치가 큰 것에 열등감이 있던 아이는 친구가 그냥 쳐다봤을 뿐인데 자기를 뚱뚱하다고 놀렸다며 화를 냈던 것이죠. 분명 웃는 그 친구의 입 모양이 "뚱뚱하다"는 말을 하고 있었다고 했습니다. 맞은 친구는 더 억울해했습니다. 자기는 절대 놀린 적도 없고 옆의 친구가 웃긴 말을 해서 웃다가 현봄이와 눈이 마주친 것뿐이라고 했습니다. 아무래도 현봄이가 착각을 한 듯 보였지만, 현봄이의 감정이 너무나 격하고 예민해져 있어서, 오히려 다른 친구들에게 현봄이에게 몸무게 이야기는 조심하라고 주의를 줄 수밖에 없었습니다. 이 시기 아이들은 외모에 신경을 쓰기 시작하면서 외모를 통해 자신감을 얻기도 하고 외모 때문에 열등감이 극에 달하기도 합니다. 스스로 자신의 모습을 수용하고 받아들이게 될 때까지 말과 행동을 조심해야 할 때도 있습니다.

예지는 어릴 때부터 사람을 좋아하고 사교적인 성격의 아이여서 친구들을 참 좋아합니다. 어느 날부터 단짝 친구를 사귀더니 그 친구와 하루 종일 붙어 다니며 지냈습니다. 그런데 그 친구가 엄마들 사이에서는 별로 평판이 좋지 않았습니다. 공부를 잘하는 것 같지 않고 작년에는 학교 폭력에도 휘말렸던 아이라고 합니다. 가뜩이나 예민한 나이에 나쁜 친구에게 영향을 받을까 걱정되어 부모는 예지에게 다른 친구를 사귀어보라고 넌지시 권유해봅니다. 좋은 친구와 나쁜 친구를 사귀는 법에 대한 이야기도 아이에게 많이 해주었습니다. 그러던 어느 날 주말에 놀러 나가겠다는 아이에게 부모가 물었습니다.

"누구랑 만나는데?"

그 말 한마디에 아이가 갑자기 폭발합니다. 엄마는 왜 자꾸 자기의 친구 관계에 간섭하느냐면서 울며불며 난리가 아닙니다. 부모도 기가 막힙니다. 지금까지 아이 기분을 생각해서 대놓고 놀지 말라는 말도 못하고 그동안 꾹꾹 참으면서 좋게 말하려고 노력했는데, 아이는 반대로 부모를 친구 관계에 사사건건 간섭하는 고리타분한 부모 취급을 하니 말이죠. 결국 서로 참았던 그 말이 터져 나오고 말았습니다.

"엄마는 내가 서우랑 노는 게 싫은 거잖아."

"엄마가 언제 그렇게 말했어? 그냥 네가 좋은 친구를 가려서 사귀면 좋겠다고 했지."

"말만 그렇게 하지, 결국 엄마가 하고 싶은 말이 그거라는 걸 모를 줄 알아? 엄마는 서우가 어떤 애인지 알지도 못하면서 왜 자꾸 놀지 말라는 건데?"

아이가 이렇게까지 눈을 똑바로 뜨고 대든 건 처음입니다. 지금까지 키워준 부모보다 친구가 더 소중하다는 건가 서운한 마음이 들기도 합니다. 아이가 친구를 소중하게 여긴다고 해서 부모를 무시한다는 뜻은 아닙니다. 지금까지 부모의 그늘 아래서 자라왔다면 이제는 그 그늘을 벗어나 다른 곳을 탐험하고 있는 중입니다. 한참 탐험이 재미있고 신이 난데 그늘로 다시 돌아오라니 화가 난 것뿐입니다. 탐험하다 지치고 햇빛이 너무 뜨거워지면 아이도 다시 그늘을 찾아오기 마련입니다. 지금 할 수 있는 부모의 역할은 그늘이 항상 여기에 있음을 알려주고 바라봐주는 것입니다. 물론 속은 타들어갑니다.

"그래, 우리 딸도 다 컸으니 친구 관계도 알아서 잘하겠지. 엄마는 믿어. 그래도 혹시 힘든 일이 생기면 언제든지 엄마에게 이야기하고, 너무 늦지 않게 놀다가 와."

나쁜 친구와 지낸다면 결국 언젠가 곪아 터지고 문제가 발생하기 마련입니다. 부모는 그 순간에 개입하여 그 경험을 아이가 성장할 수 있는 기회로 삼을 수 있게 잘 대처해주는 것이 중요합니다. 생기지 않은 문제에 대해 부모가 미리 말리는 것만큼 부모 자녀 사이를 갈라놓는 일도 없는 것 같습니다.

휴대폰을 통한
눈높이 대화법

휴대폰은 요즘 아이들에게 떼놓을 수 없는 이슈입니다. 아이는 너무나 원하지만 손에 쥐어주자니 걱정되는 것이 이만저만이 아닙니다. 전문가들도 휴대폰은 되도록 늦게 사주라고 조언을 합니다. 어린 나이에 휴대폰을 과하게 접하면 여러 가지 문제가 생기는 것은 사실이기 때문입니다.

휴대폰이 아이들에게 부정적인 영향을 끼치는 물건이라는 것에는 당연히 저도 동의합니다. 저 역시 자녀가 저학년일 때까지는 휴대폰을 사주지 않고 미디어 사용에 대해서도 보수적인 성향을 보였습니다. 하지만 아이가 고학년이 되면 부모도 그 시각을 조금 바꾸어야 한다고 생각합니다. 휴대폰이 여러 가지로 아이들의 삶의 일부가 되기 시작하기 때문입니다. 물론 그렇다고 마음껏 쓸 수 있도록 허락하라는 의미는 절대 아닙니다. 휴대폰을 아이 손에 쥐어주고도 규제를 하는 방법은 많이 있습니다. 요금제를 통해서도 가능하고 여러 가지 어플을 통해 아이의 휴대폰 사용을 감독할 수도 있습니다. 무엇보다 이런 통제권을 부모가 쥐고 있으면 아이러니하게도 아이와 소통할 기회가 많아진다는 장점이 생깁니다. 가뜩이나 부모와 대화를 하지 않으려는 시기인데 더할 나위 없이 좋은 장점입니다.

"엄마, 나 이번 달 데이터 충전해주시면 안 돼요?"

학교에 다녀온 아이가 급하게 엄마부터 찾습니다. 전에는 보기 힘든 일입니다.

"왜? 이번 달 데이터 벌써 다 썼어? 뭐 하느라고?"

"아, 사회 모둠 과제 때문에 애들이랑 카톡으로 자료 주고받느라 다 썼어요."

덕분에 아이가 학교에서 과제가 있었단 것도 알고 카톡 대화방을 슬쩍 보면 누가 모둠 친구인지도 알 수 있습니다. 또한 친구들의 SNS 프로필만 봐도 그 친구의 성향까지 대충 파악이 가능합니다.

"이 친구는 열혈 아이돌 팬인가 보다. SNS가 온통 아이돌 사진이네."

"응, 얘한테는 말할 때 조심해야 해. 우리 반에는 아이돌 팬에 따라 친구 관계도 나뉘어 있어."

이렇게 자연스럽게 아이의 친구들 문화까지 알 수 있게 됩니다. 사춘기 자녀와의 소통을 위해서는 그들의 문화를 어느 정도 이해하고 있어야 합니다. 물론 들여다보고 있으면 요지경인 문화도 많습니다. 그런 것까지 눈감아주고 받아들이라는 뜻은 아닙니다. 어떤 분들은 친구 같은 부모가 되기 위해 지나치게 아이들의 문화에 대해 허용적인 분도 있는데 그러다 보면 부모로서의 권위까지 상실하게 되어 더 위험할 수도 있습니다. 아이들의 문화는 알고 있되, 그 문화에 대한 호불호의 가치관은 부모의 것으로 그대로 유지하고 있어야 합니다. 다만 그 표현이 지나치게 부정적이거나 배타적이지만 않으면 됩니다.

"여기 머리 보라색으로 염색한 아이는 누구야?"

"우리 반 민주라는 애야."

"이거 정말 궁금해서 묻는 건데 이 머리가 예뻐 보이는 거지? 아, 너무 당연한 걸 물었나?"

"음, 엄마 너무 당연한 거 물은 거 맞아. 이거 염색하려면 탈색 한 번 하고 다시 염색해야 해. 얼마나 힘들게 한 건데 당연히 예뻐 보이라고 한 게 아닐까?"

"아, 엄마 또 세대 차이 느꼈어. 솔직히 정말 안 예뻐 보여."

"왜? 나도 하고 싶은데."

"음, 그런 일은 없었으면 좋겠는데. 난 선생님께 호출받고 싶지 않아."

"알아, 그래서 나도 하고 싶다고만 했지, 하지는 않았잖아."

아이는 입을 삐죽거리면서 말합니다. 이 정도면 친구같이 원활하게 대화도 하고, 부모로서 권위도 챙긴 겁니다. 강하게 말하지 않아도 아이는 충분히 엄마의 생각을 알아들었으니까요. 강하게 말한다고 해서 아이가 문제 행동을 하지 않는 것은 아닙니다. 오히려 이렇게 이해하려고 노력은 하지만 엄마는 이해가 안 된다 정도의 솔직한 표현이 더 좋은 부모의 모습으로 아이에게 다가갑니다. 부모가 좋을 때 아이도 그 부모의 생각을 어느 정도 따르고 싫어집니다. 겉으로는 뾰족하고 툴툴거려도 적어도 이 아이는 보라색 염색은 하지 않을 겁니다. 자신이 그 머리를 했을 때 엄마가 걱정할 마음도 함께 떠오르기 때문입니다.

당당하게 아이의 손에 휴대폰을 들려주기 위해서는 부모로서 권위와 가치관, 그리고 여러 가지 불안감을 이겨내야 하는 과정이 따라옵니다. 부모로서 느끼는 불안감은 비단 휴대폰뿐만은 아닐 겁니다. 현장에서 아이들을 접하다 보면 그 뒤에 있는 부모의 불안감이나 가치관들이 느껴질 때가 많이 있습니다. 초등학교 시기까지는 아이들은 절대적으로 부모의 영향을 받으니까요. 그러다 고학년이 되어 사춘기가 되면 지금까지 받았던 부모의 영향과 아이가 타고난 기질이 내면에서 충돌하게 됩니다. 이때 부모의 감정과 가치관이 합리적이지 않으면 아이의 반감에 직면하게 됩니다. 내가 지나치게 높은 불안감으로 아이를 대하고 있지는 않은지, 내가 생각하고 있는 가치관과 철학들이 요즘 아이들의 눈에는 고리타분하게 느껴지지는 않은지, 변화하는 세상에 과연 걸맞은 가치관인지, 아이에게 세상에 대해 좁은 시선을 강요하고 있지는 않은지 다시 한 번 돌아봐야 할 때입니다.

사춘기는
건강한 성장의 과정

모든 아이들이 감정이 격해지고 질풍노도의 사춘기를 겪는 것은 아닙니다. 아무 문제없이 순둥순둥 잘 지내는 아이도 있습니다. 우송이는 주변 사람들에게 부러움의 대상입니다. 엄마에게 정말 다정한 아들이기 때문입니다. 늘 다정하게 말하고 예의 바르게 행동합니다. 사실 아이가 이렇게 되기까지 부모가 들인 공도 많습니다. 항상 아이 말에 귀 기울여 들어주고 마음을 읽어주며 함께 하는 시간을 많이 갖고자 노력했습니다. 그런 부모의 교육 탓인지 아이는 고학년이 되어서도 늘 엄마와 가장 많은 소통을 합니다. 학교에서 있었던 일도 모두 말하고 사소한 것 하나까지도 늘 부모와 함께 대화하며 의논합니다.

우송이는 학교에서도 모범생이었습니다. 선생님인 저에게도 부모에게 대하는 것만큼 예의 바르고 다정다감했습니다. 아이들이 말썽을 부려서 힘든 날 지쳐 있는 제게 조용히 다가와 "선생님, 힘드시죠?"라며 위로의 말을 전하는 아이였으니까요. 예뻐하지 않을 수가 없었습니다.

그런데 이렇게 완벽한 우송이에게도 문제가 있었습니다. 바로 친구 관계였습니다. 우송이는 학교에서 또래 아이들과 어울리지 못하고 겉돌았습니다. 그렇다고 아이들에게 왕따를 당하거나 친구들이 딱히 우송이를 싫어하는 건 아니었습니다. 그냥 물과 기름처럼 친구들과 겉도는 느낌이었습니다. 가만히 지켜보니 우송이는 남자아이들의 거친 말과 행동에 적응을 하지 못한 듯 보였습니다. 항상 부모와 다정다감하고 예의 바른 말만 주고받는 것이 익숙한 아이에게 또래 친구들이 사춘기가 되면서 돌변하는 모습은 감당이 되지 않았던 것 같습니다. 또 부모와 강한 애착 관계가 형성되어 있으니 딱히 친구들과 어울리지 못하는 것이 그리 불편하지도 않았던 겁니다. 겉으로 보기에 큰 문제는 없었지만 또래 아이들과 상호작용을 하면서 건강하게 커 나갈 시기에 지나치게 부모하고만 강한 유대 관계를 형성하고 있는 우송이가 걱정이 되었습니다.

이 시기 아이들을 보면서 한 가지 깨닫게 된 것은 사춘기 아이들이 부모에게 반항하거나 무시하는 행동을 하는 것은 건강한 성장의 한 과정이라는 점입니다. 자신만의 감정과 생각이 생기다 보면 자연스럽게 지금까지의 관례들에 의문을 제기하고 비판하게 되기 마련입니다. 그 비판의 과정 속에서 아이는 스스로의 가치관을 정립하게 됩니다. 그리고 아이들의 첫 비판의 상대가 대부분 부모가 되는 것은 당연합니다. 부모는 아이가 맺는 가장 가까운 관계니까요. 부모를 제일 좋아하던 우송이의 예를 보아도 그 점을 잘 알 수 있습니다.

아이가 나를 비난하거나 무시한다고 해서 지금까지 내가 했던 모든 노력과 고생이 물거품이 된다는 뜻은 아닙니다. 오히려 반대로 그동안 노력과 고생을 했으므로 지금처럼 아이가 건강하게 성장할 수 있게 된 것입니다. 그런 생각으로 아이의 비난과 무시까지 담담하게 받아들이고 그 자리를 지키고 있으면, 아이들은 곧 부모의 진정한 사랑을 깨닫고 돌아오게 됩니다. 그리고 그때는 더욱 믿음과 신뢰가 쌓인 단단한 관계가 형성될 겁니다. 틀을 한번 깨고 나갔다 돌아온 아이를 둔 부모와 아직 틀 안에서 바르기만 한 아이를 둔 부모. 두 마음은 분명 다를 겁니다. 틀 안에서 바르게 있지만 아이가 언제 이 틀을 깨고 나갈지 조마조마할 수도 있고, 남들의 부러워하는 시선 때문에 더욱 아이의 감정을 억누르려고 할지도 모를 일입니다.

많은 부모들은 아이의 사춘기를 걱정합니다. 하지만 아이들의 사춘기는 건강한 성장의 일부분이며 오히려 없어서는 안 될 꼭 필요한 과정이라고 생각됩니다. 사춘기의 격한 감정들과 행동들을 조금 다른 시각으로 볼 수만 있다면, 힘든 시기를 견디는 데 힘이 될 수 있습니다. 사춘기를 건강한 성장으로 본다고 해서 아이의 사춘기가 힘들지 않다는 말은 절대 아닙니다. 부모도 사람이기 때문에 알면서도 늘 뚜껑이 열리고 감정이 폭발합니다. 괜찮습니다. 당연한 일이니까요. 중요한 것은 감정 폭발 후입니다. 포기하거나 절망하고 관계가 단절되는 것이 아닌, 그냥 또 다시 아무런 일 없다는 듯 일상으로 돌아오는 것입니다. 문제가 해결되지 않아도 괜찮습니다. 중요한 것은 그 과정에서 보여주는 아이에 대한 믿음과 신뢰입니다. 우리 아이들이 원하는 것도 딱 그것 하나이니까요.

한 걸음 더

관심과 지지, 아이를 위한 가장 든든한 힘

사춘기가 되면 아이들은 부모나 교사에게 고분고분한 것 자체가 조금 지질하고 미성숙해 보인다고 생각하기 시작합니다. 이제 다 큰 어른이 되었다고 생각하는 것입니다. 그런 의미에서 삐딱하게 나오는 아이들도 있습니다. 다소 공격적인 의도도 다분히 담겨 있습니다. 이런 아이들에게는 두 가지를 조심해야 합니다. 첫째, 인격적으로 대우해줄 것. 둘째, 다른 사람들이 있는 곳, 특히 또래가 있는 곳에서 야단치지 말 것. 아이의 삐딱한 태도가 어른같이 보이고 싶은 마음 때문이라면 그 마음을 인정해주세요.

앞서 설명했듯, 사춘기 아이들에게 부모의 권위로만 대하려고 하면 위험합니다. 부모는 지금까지와는 다른 전략이 필요합니다.

이즈음의 아이들은 '내가 알아서 한다'는 말을 자주 하는데 이 말에는 자기를 인격적으로 대우해 달라는 메시지가 들어 있습니다. 이런 아이들에게 더 이상의 잔소리는 통하지 않습니다. 이제는 조금 다른 방법으로 "그래, 네 인격을 존중해줄게, 대신 엄마의 인격도 존중해주렴" 하는 식의 대화를 시작하는 것이 보다 효과적입니다. 그리고 무엇보다 사춘기 자녀에게 가장 필요한 부모의 대화법이 있습니다.

사춘기 자녀와의 대화에서 가장 중요한 것은 대화의 내용보다 '관심 있는 시선'입니다. 이 시기 아이들은 이미 부모가 말하는 대부분의 대화 내용을 알고 있습니다. 몰라서 안 하는 것이 아닙니다. 알고 있는데 그것을 행동으로 옮기기에는 정서적인 장애물이 있는 것입니다. 그 장애물을 넘는 데 부모의 도움을 받고 싶어 합니다. 정서적인 장애물은 눈에 보이지도 않고 또 나타나는 순간도 매번 다르기 때문에 부모가 미리 알아서 치워줄 수는 없습니다. 다만 아이에게 장애물이 나타났을 때 부모가 이것을 함께 인지할 수 있도록 노력할 수밖에 없습니다. 그러기 위해서는 늘 아이에게 관심 있는 시선을 보내는 것이 필요합니다. 비난의 눈빛이 담긴 시선이 아니라 '지금 장애물이 나타났어?' '지금은 괜찮아?' '어떤 도움이 필요할까?' 하는 질문을 담은 시선이어야 합니다. 제 경험에 의하면 부모나 교사가 이런 시선을 가지는 것만으로도 장애물의 절반은 제거됩니다.

아이가 방문을 쾅 닫고 들어갑니다. 방문을 닫는다는 것은 사실 그동안 부모와의 소통이 다소 힘들었다는 뜻이기도 합니다. 아이는 힘들어서 투정이라도 부리고 싶은데, 그래봤자 어떤 잔소리가 돌아오는지 이미 알고 있는 것입니다. 그런 이중적인 마음을 문을 쾅 닫는 것으로 표현하는 것입니다. 정말로 대화를 단절하고 싶은 아이들은 그렇게 문을 티 나게 닫지 않습니다. 주변의 관심을 끌지 않고 조용히 구석으로 사라집니다. 언제 아이가 사라졌는지 모를 정도로 말이죠.

문을 닫는 것이 소통의 또 다른 욕구라고 해서 일부러 문을 열 필요는 없습니다. 다만 닫힌 문을 그대로 잘 보고 있다가 아이가 스스로 문을 열고 나오는 순간을 놓치지 않는 것이 중요합니다. 아이가 문을 열고 나오는 순간, 부모의 시선이 나에게 머물러 있고 이때 따뜻한 말 한마디라도 보내준다면 아이의 마음도 자연스럽게 녹을 수 있습니다. 사실은 아이도 문을 열고 나왔을 때 은근히 나를 기다려주기를 기대하고 있기 때문입니다.

나에 대한 관심과 지지, 이것은 우리의 생각 이상으로 놀라운 힘을 발휘합니다. 누군가 나를 이렇게 한결같이 그 자리에서 바라봐주고 있다는 믿음이 아이를 곧 제자리로 돌아가게 합니다. 대부분은 정서적인 장애물이라 누군가 자신을 지지해주는 시선만으로도 정서적인 문제를 해결할 수 있는 힘이 생기기 때문입니다. 되도록 대화의 중심을 부모에서 아이에게로 넘겨주는 것, 이것이 사춘기 자녀와의 소통을 위한 가장 중요한 기본 작업이라고 할 수 있습니다.

에필로그

초등 고학년, 꼭 들려주고 싶은 이야기

초등 고학년은 특별한 시기입니다. 들쭉날쭉 폭발하는 감정 속에서 우리 아이들은 '완전한 나'로 거듭나기 위한 연습을 하고 있습니다. 그렇게 불완전하지만 지금까지의 틀을 깨고 대견하게 한 걸음 한 걸음씩 성장하고 있는 것이죠. 이 과정을 함께하는 부모님과 아이들에게 꼭 들려주고 싶은 이야기가 있습니다.

첫째, 자기감정의 힘 기르기

아이의 진짜 자기감정의 힘은 사춘기 시기부터 나타납니다. 정말 말도 안 되는 투정을 부리고 뾰족해지고 도저히 참고 보기 힘든 그 시기부터 시작되는 것입니다. 그 감정들을 통해 아이의 진짜 기질을 파악해보려고 노력하고, 가끔은 말하는 내용과 정반대인 진짜 아이의 속마음을 파악할 수 있는 기회로도 삼아보았으면 합니다. 물론 아무리 좋게 표현하려고 해도 사춘기 아이의 감정을 보고 견디는 일은 힘든 일입니다. 부모님은 지금 내가 엄청 힘든 일을 하고 있다는, 스스로에 대한 격려를 보내주시길 바랍니다. 저도 지나왔기에 더욱 드리고 싶은 이야기입니다. 세상 모든 사춘기 자녀를 둔 부모님들에게 응원을 보냅니다.

둘째, 자신의 가능성과 한계를 경험하고 진짜 자신을 만나기

어떤 일의 80퍼센트 정도까지는 정말 열심히 최선을 다하는 것이 중요합니다. 하지만 최상위 20퍼센트에서 실력이 더 이상 늘지 않을 때, 스스로의 한계가 느껴질 때는 아이가 스스로를 너무 몰아치기보다는 잠시 쉬어가면서 다른 선택을 염두에 두는 것도 중요합니다. 과정에서 최선을 다한 뒤에 다른 방향을 모색해볼 수 있는 것은 포기가 아니라 선택의 다른 이름입니다. 어쩌면 그것이 진짜 자신을 만날 수 있는 길이 될지도 모를 일입니다.

셋째, 건강한 삶의 가치관 만들어가기

이것은 다른 무엇보다 말이 아닌 행동과 경험으로 전달되는 영역입니다. 아이에게 아무리 듣기 좋은 구절들을 들려줘봐야 소용이 없는 것과 같은 이치입니다. 우리 아이들도 크고 작은 학교 생활의 갈등과 역경 속에서 소중한 가치를 얻을 수 있습니다.

이상한 담임 선생님을 만났을 때, 나쁜 친구에게 당했을 때, 모둠 활동에서 힘들어 할 때 등 이 모든 억울하고 속상한 상황들을 경험하며 아이에게 건강한 삶의 가치를 깨닫게 하는 것이 중요합니다. 경험에서 배운 가치들은 매우 강하고 선명해서 아이의 삶에서 평생에 걸쳐 영향을 주기 때문입니다.

학교 현장에 오랜 세월 있었지만 저는 여전히 아이들과 시소를 탑니다. 순간적으로 잘못된 판단을 하기도 하고, 균형을 잃을 때도 있습니다. '한 쪽으로 기울어진 것은 아닐까' 끊임없이 스스로를 살피며 중심을 잘 지키고 서 있을 수 있도록 제 자신을 다독입니다. '내가 옳아' 하며 한쪽 눈을 감아버리면 완전히 다른 세상입니다.

그렇게 저는 완벽하지 않은 채 '성장 중'입니다. 그리고 아이를 교육하는 일은 아이와 함께 성장하는 일이라는 것을 날마다 깨닫습니다. 그리고 완벽하지 않은 제게 훌륭한 선생님인 아이들이 있어서 그 성장의 여정은 고맙고 따뜻합니다. 완벽하지 않기에 쉬어갈 틈이 보이고 배울 수 있는 것이 많아 다행이라 생각합니다. 한 발 물러서 조금만 여유를 가진다면 힘든 공부에 지치고 불안한 아이의 일상도, 아이의 예민한 감정과 함께 뾰족해지는 부모의 삶도 풍요로워질 것이라 생각합니다. 진심을 다해 아이들과 부모님 모두에게 응원과 지지의 마음을 보냅니다.

스스로 공부하는 아이의 결정적 조건
공부 자존감의 힘

1판 1쇄 2019년 4월 15일
1판 2쇄 2019년 4월 19일

지은이 김지나
펴낸이 김정순
책임편집 배경란
디자인 김수진
책임마케팅 전선경

펴낸곳 ㈜북하우스 퍼블리셔스
출판 등록 1997년 9월 23일 제406-2003-055호
주소 04043 서울특별시 마포구 양화로 12길 16-9 (서교동 북앤빌딩)
전자우편 editor@bookhouse.co.kr
홈페이지 www.bookhouse.co.kr
전화번호 02-3144-3123
팩스 02-3144-3121

ISBN 979-11-6405-016-1 13590

이 도서의 국립중앙도서관 출판예정도서목록(CIP)은 서지정보유통지원시스템 홈페이지(http://seoji.nl.go.kr)와 국가자료공동목록시스템(http://www.nl.go.kr/kolisnet)에서 이용하실 수 있습니다.
(CIP제어번호: CIP2019000086)